AF569829

Natur und Tier - Verlag

NTV

Marco Lichtenberger

Muränen im Aquarium

Lebensweise
Artbestimmung
Haltung und Pflege

Buchrückseite:
oben links: *Enchelycore pardalis*, D. Knop
oben Mitte: *Echidna xanthospilos*, D. Schauer
oben rechts: *Echidna polyzona*, Foto: J. Jenness

Buchvorderseite:
großes Bild: *Rhinomuraena quaesita*, D. Schauer
unten 1v. l.: *Muraena pavonina*, M. Lichtenberger
unten 2 v.l.: *Enchelycore nigricans*, E. Muller
unten 3 v.l: *Gymnothorax miliaris*, M. Lichtenberger
unten 4 v.l: *Gymnothorax favagineus*, M. Lichtenberger

Soweit nicht anders vermerkt, alle Fotos vom Autor

ISBN: 978-3-86659-211-7

An der Kleimannbrücke 39/41 · 48157 Münster
Tel.: 0251-13339-0 · Fax: 0251-13339-33 · E-Mail: verlag@ms-verlag.de

www.ms-verlag.de

Geschäftsführung: Matthias Schmidt
Lektorat: Inken Krause, Kriton Kunz & Mike Zawadzki
Layout: Michael Kolmogortsev
Druck: Pario Print, Krakau

Inhaltsverzeichnis

I. Einleitung

1. Biologie und Körperbau

2. Lebensweise und Verhalten

3. Pflege im Aquarium

4. Umgang mit Muränen

5. Vergesellschaftung

6. Krankheiten und Parasiten

7. Muränen für die Pflege im Aquarium

8. Muränenarten im Porträt

9. Arten im Überblick

10. Bestimmungshilfen

11. Anhang

Vorwort

Der Autor mit einer seiner Muränen

Die meisten Menschen sehen in Muränen aggressive Raubtiere, die vorbeischwimmenden Tauchern in den Felsspalten der Korallenriffe auflauern. Obwohl von Vertretern einiger weniger Arten tatsächlich nicht vom Menschen provozierte Angriffe dokumentiert wurden, sind die meisten Muränen vorrangig auf ihre eigene Sicherheit bedacht. Sie beißen nur, wenn man sie selbst bedroht, unvorsichtig in ihren Unterschlupf greift, in ihrer Gegenwart mit Futter hantiert, oder wenn unweit von ihnen Fische harpuniert werden. Bedingt durch ihre versteckte Lebensweise wird ein Taucher die allermeisten Muränen ohnehin nie zu Gesicht bekommen.

In öffentlichen Aquarien in Europa und den USA hinterlassen imposante Grüne Muränen (*Gymnothorax funebris*) beim Besucher einen bleibenden Eindruck – von einem solchen Tier möchte gewiss niemand gebissen werden. Und doch geht von Muränen mit ihrem schwer zu beschreibenden, herben Charme der Reiz des Ungewöhnlichen aus, weshalb auch immer wieder Exemplare den Weg in private Aquarien finden. Etliche der rund 200 bekannten Arten eignen sich gut für die Pflege im Aquarium und können in menschlicher Obhut weit über zehn Jahre alt werden. Andere Spezies hingegen wachsen selbst in kleinen Heimaquarien überraschend schnell zu wirklich gefährlichen Adulten heran, die dann kaum noch weiterzuvermitteln sind. Eine genaue Artenkenntnis ist daher bereits beim Kauf unabdingbar – auch im Interesse der Tiere.

Mit dem vorliegenden Buch möchte ich einen Überblick über die Familie der Muränen geben. Ich konzentriere mich dabei auf diejenigen Arten, die oft beim Tauchen beobachtet werden können oder im Aquaristikfachhandel erhältlich sind.

Verhaltensweisen im natürlichen Lebensraum sollen ebenso erläutert werden wie alle relevanten Themen rund um die Haltung im Aquarium sowie eventuell auftretende Krankheiten und entsprechende Behandlungsmöglichkeiten.

Dr. Marco Lichtenberger
Mosbach, 2018

Mensch und Muräne

Mittelmeermuräne (*Muraena helena*), dargestellt in einem römischen Mosaik Foto: F. Jeffries

Bereits in der Antike weckten Muränen das Interesse des Menschen. Ihr Name leitet sich vermutlich von dem römischen Adligen Licinius Murena ab, der 200 Jahre vor Christus bereits mehrere Tausend Muränen gehalten haben soll – möglicherweise wurde dieser Römer aber auch nach seinen Lieblingstieren benannt und nicht andersherum. In speziell dafür angelegten, zumeist gemauerten Becken, sogenannten Piscinae, zogen die Römer Muränen auf und mästeten sie. Manche Quellen berichten von einem Römer, der sogar ungehorsame Sklaven den Muränen zum Fraß vorwarf.

Muränen als Delikatesse erfreuten sich vor allem bei den Gelagen der römischen Kaiser und ihrer Günstlinge großer Beliebtheit. Die Mittelmeermuräne (*Muraena helena*) ist einer der ersten Meeresfische, die vom Menschen nicht bloß gefangen und verzehrt, sondern auch in aquarienähnlichen Behältern aufgezogen wurden. Muränen wurden jedoch nicht nur als Speisefische gehalten: Von dem politischen Redner Quintus Hortensius wird berichtet, er habe bitterlich geweint, als eine von ihm als Haustier gepflegte Muräne verendet war. Seine Fische und ihre Hälterungsbecken vererbte er Antonia, Mutter von Kaiser Claudius und Frau des Drusus. Mit Goldringen geschmückte Muränen dienten auch als Statusobjekte, um hohen Besuch zu beeindrucken.

Nicht nur in der Antike, auch heute noch üben Muränen auf den Menschen eine große Faszination aus

Dieser bunt gemischte Fang eines Fischers enthält auch eine junge Hornmuräne (*Muraena melanotis*) Foto: D. Masters

Auf Fischmärkten und auf Speisekarten mancher Restaurants am Mittelmeer finden sich Muränen auch heute noch, z. B. als Bestandteil einer Bouillabaisse. Ihr Geschmack erinnert ein wenig an Aal und ist für mitteleuropäische Gourmets sicherlich gewöhnungsbedürftig. In den vergangenen Jahrzehnten sind Fang und Verzehr von Muränen im Mittelmeerraum jedoch zurückgegangen. In vielen tropischen und subtropischen Ländern isst man Muränen hingegen immer noch sehr gern. Naturentnahmen für die Aquaristik stellen zahlenmäßig lediglich einen winzigen Bruchteil im Vergleich zu den tonnenweise verzehrten Tieren dar.

In vielen Ländern sind Muränen populäre Speisefische Foto: M. Watts

Der Verzehr des Fleisches großer tropischer Muränen kann allerdings eine als Ciguatera bezeichnete Fischvergiftung hervorrufen (siehe Kapitel „Gift"). Tatsächlich sind schon mehr Menschen durch den Genuss von Muränen ums Leben gekommen als durch deren Biss. Manchen Spezies wird jedoch auch eine heilende Wirkung zugeschrieben, und so findet z. B. *Gymnothorax undulatus* Anwendung in der Traditionellen Chinesischen Medizin.

Im tropischen Pazifik kommt Muränen außerdem eine wichtige kulturelle Bedeutung zu. Das Verhältnis zwischen Mensch und Muräne ist hier weniger von Angst als vielmehr von Respekt geprägt. Bei einer Vielfalt von rund 40 vor Hawaii vorkommenden Muränenarten, die von den Einheimischen als „Puhi" bezeichnet werden, ist es nicht verwunderlich, dass sich fast jeder von ihnen schon mit der Natur dieser Tiere auseinandergesetzt hat.

Zu Zeiten des boomenden Tauchtourismus hat sich in verschiedenen Regionen leider

Wenn eine Grüne Muräne (*Gymnothorax funebris*) in eine Fischfalle gerät, ist sie meist die einzige Insassin, die der Fischer noch zu Gesicht bekommt

Foto: G. Gitschlag, NOAA

die Unsitte eingebürgert, Muränen und andere Raubfische anzufüttern, um den Besuchern einen gewissen „Nervenkitzel" durch die Nähe der gefährlichen Räuber zu verschaffen. Besonders lernfähige Muränen erwarten diese Fütterung aber bereits nach kurzer Zeit, und dabei gelingt es ihnen nicht immer, zwischen der angebotenen Nahrung und der Hand des Menschen zu unterscheiden. Auf diese Weise ist es schon häufig zu schweren Verletzungen gekommen, die bisweilen sogar eine Amputation der betroffenen Hand nach sich zogen. Ein Pärchen Riesenmuränen musste sogar zwangsumgesiedelt werden, weil es in einem viel frequentierten Tauchrevier (Old Cod Hole, Great Barrier Riff bei Cairns) residierte und 1996 bei einer Fütterung den Arm einer Taucherin aus Neuseeland dermaßen zerfleischte, dass er nicht mehr zu retten war. Bei der Zwangsumsiedelung verendeten die Muränen. Das Anfüttern von Raubfischen sollte gleichermaßen zum Wohl von Mensch und Tier unterbleiben, und Anbieter von Tauchausflügen, die solche Fütterungen durchführen, sollten nicht gebucht werden.

Entwicklungsgeschichte

Die ältesten Fossilien, die vermutlich zu Fischen der Familie der Muränen (Muraenidae) gehören, sind aus dem Erdzeitalter Miozän bekannt. Ein Dinosaurier hatte also – auch unter Wasser – nie die Gelegenheit, einer Muräne zu begegnen. Das Miozän begann nämlich erst vor 23 Millionen Jahren, während die Dinosaurier bereits vor rund 65 Millionen Jahren ausgestorben sind.

In Norditalien hat man in Gesteinsschichten eines Alters von sieben Millionen Jahren die fossilen Überreste einer nicht näher bestimmbaren Muräne geborgen. Dieser Fund ermöglicht zwar eine ungefähre Datierung, doch Genaueres über den entwicklungsgeschichtlichen Ursprung der Muränen ist leider noch nicht bekannt. Wahrscheinlich haben sie gemeinsame Vorfahren mit den Echten Aalen und anderen verwandten Familien, deren früheste Vertreter bereits im Zeitalter der Oberkreide lebten. Die weitere Entwicklung und die geografische Ausbreitung der Muränen müssen später recht zügig erfolgt sein.

Ein 1921 als Ur-Muräne *Deprandus lestes* beschriebenes Fossil, das immer noch häufig in der Literatur erwähnt wird, hat sich übrigens erst 1997 bei näherer Betrachtung als Barsch (*Thysocles velox*) herausgestellt.

„Psycho" wird eine berüchtigte Grüne Muräne (*Gymnothorax funebris*) vor Grand Cayman genannt, die einige Taucher übel zugerichtet hat
Foto: S. Dixon

Kapitel 1

Biologie und Körperbau

Ein Paar Netzmuränen
(*Gymnothorax favagineus*)
Foto: Juniors Bildarchiv
R. Dirscherl

Größe

Richardsons Muräne (*Gymnothorax richardsonii*) zählt mit rund 30 cm Länge zu den kleineren Arten

Innerhalb der Familie Muraenidae gibt es beträchtliche Größenunterschiede. Als kleinste Vertreterin könnte Snyders Muräne (*Anarchi-as leucurus*) gelten, deren bislang bekannte Maximallänge bloß 11,5 cm beträgt. Die Untersuchung ihrer Geschlechtsorgane ergab, dass die gefangenen Tiere zumindest geschlechtsreif waren.

Rund ein Drittel größer ist Allardices Muräne (*Anarchias allardicei*) – sie erreicht eine Maximallänge von knapp 17 cm. Gefolgt wird sie von *Gymnothorax melatremus*, der einzigen für die Aquaristik relevanten Zwergmuräne, mit einer Maximallänge von 29 cm, sowie einigen anderen, leider kaum bekannten Arten ähnlich geringer Größe, etwa der Rotkopfmuräne (*Monopenchelys acuta*).

Die in Bezug auf die Körpermasse kolossalste Muräne dürfte die im tropischen Indopazifik weit verbreitete Riesenmuräne (*Gymnothorax javanicus*) sein. Hinsichtlich ihrer Körperlänge von 3 m wird sie jedoch deutlich von dem sehr schlanken, aber bis zu 4 m messenden Pampan (*Strophidon sathete*, früher auch *Thyrsoidea macrura*) übertroffen.

Die schwersten Muränen erreichen bei über 30 kg Gewicht den Umfang eines zu reichlich gefütterten Dackels. Außergewöhnliche Exemplare von *Gymnothorax javanicus* sollen knapp 70 kg erreicht haben. Selbst nur meterlange Exemplare kräftig gebauter Arten sind etwa so dick wie ein menschlicher Unterarm. Andere Spezies, wie die Nasenmuräne (*Rhinomuraena quaesita*), bleiben relativ schlank und überschreiten 3 cm Körperdurchmesser bestenfalls dann, wenn sie Eier ausbildet.

Mit bis zu 3 m Länge und 70 kg Gewicht wird die Riesenmuräne (*Gymnothorax javanicus*) ihrem Namen gerecht
Foto: J. Oberguggenberger

Haut

Neben Felsspalten nutzen Nasenmuränen (*Rhinomuraena quaesita*) auch Wohnröhren im Sand und stabilisieren diese mit ihrem eigenen klebrigen Hautschleim Foto: B. Nies

Muränen haben keine Schuppen. Ihre Haut ist von einer schwach giftigen Schleimschicht bedeckt, die sie vor Verletzungen und den meisten lästigen Außenparasiten schützt. Sie ist mit bis zu 2 mm deutlich dicker als bei vielen anderen Fischen. Es ist zu vermuten, dass dies mit der Lebensweise der Muränen in teilweise scharfkantigen Felsspalten zusammenhängt, in denen der Haut eine wichtige Schutzfunktion zukommt. In geringem Ausmaß wird die widerstandsfähige Muränenhaut auch heute noch zur Produktion von Fischleder eingesetzt.

In sandigen Böden lebende Muränen wie z. B. die Nasenmuräne (*Rhinomuraena quaesita*) produzieren besonders viel Hautschleim, der es ihnen ermöglicht, die Sandkörner an den Wänden ihrer Wohnhöhlen zu verkleben und den Unterkünften somit eine gewisse Stabilität zu verleihen. Auch viele andere Arten, z. B. Netzmuränen, graben sich ein, wenn sie sich bedroht fühlen und keinen anderen Unterschlupf finden.

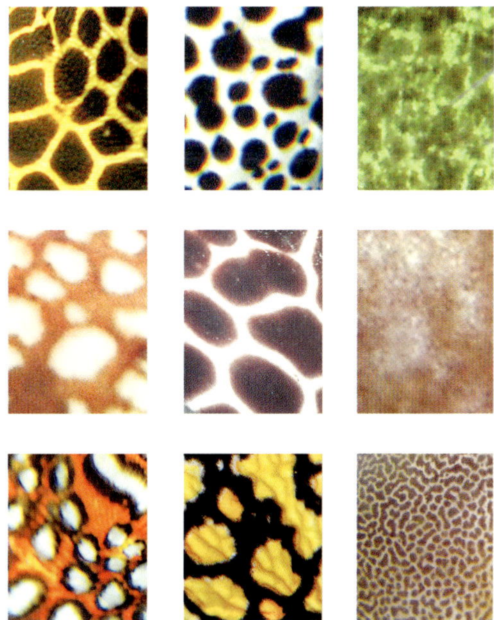

Die zahlreichen Musterungen der Muränen dienen nicht nur als Erkennungsmerkmal oder Warnzeichen, sondern helfen auch, die Körperkonturen aufzulösen (Somatolyse)

Flossen

Muränen fehlen die typischen getrennten und zumeist paarigen Fischflossen. Bei ihnen sind Rücken-, Schwanz- und Afterflosse zu einem einzigen, umlaufenden Flossensaum verbunden. Bauch- und Brustflossen fehlen gänzlich. Der Ansatz des Flossensaumes am Körper ist ein wichtiges Unterscheidungsmerkmal verschiedener Gattungen. Bei manchen, etwa *Uropterygius* und *Anarchias*, beschränkt sich der Flossensaum auf das Schwanzende. Dadurch ähneln sie in ihrem Aussehen landbewohnenden Schlangen besonders stark und werden im Englischen daher auch als „snake morays“ (Schlangenmuränen) bezeichnet. Diese Arten bewegen sich zudem eher kriechend als schwimmend fort.

In der Gattung *Gymnothorax* hingegen verfügen einige Arten (z. B. *Gymnothorax moringa*) über einen sehr hohen Flossensaum, der den Tieren eine beeindruckende Silhouette verleiht und sie noch massiger und bedrohlicher wirken lässt, als sie es ohnehin schon sind. Diese Muränen sind etwas bessere Schwimmer als ihre Verwandten mit stark reduzierten Flossen.

Der Flossensaum ist mit Haut überzogen, weshalb es schwierig bis unmöglich ist, am lebenden Tier die Flossenstrahlen zu zählen, die bei anderen Fischfamilien zur Unterscheidung der einzelnen Arten besonders wichtig sind.

Nicht nur haben Muränen eine stark reduzierte Beflossung, sondern ähnlich verhält es sich auch mit ihrem Skelett, das im Wesentlichen aus der lang gestreckten Wirbelsäule besteht. Die meisten Muränen besitzen immerhin noch kleine Knochen, die bei anderen Wirbeltieren dem Schulterblatt und dem Rabenbein entsprechen, doch bei manchen Arten fehlen selbst diese Überbleibsel.

Muränen schwimmen im Gegensatz zu den meisten anderen Fischen durch eine schlängelnde Bewegung des gesamten Körpers. Doch dieses Verhalten zeigen sie fast nur dann, wenn sie Hunger haben oder sich in ihrer Umgebung unwohl fühlen. Denn Muränen sind im Vergleich zu anderen Fischen nicht besonders schwimmgewandt und im offenen Wasser leicht angreifbar.

Dennoch ist ein Taucher ein langsamerer Schwimmer als eine Muräne, und daher haben harpunierte Tiere schon oft den Spieß umgedreht und ihre Jäger schwer verletzt.

Sehr schnell können sich Muränen aber bewegen, wenn ihr Schwanz noch in einer Felsspalte oder Höhle Widerstand findet. Dann können sie blitzartig vorstoßen und sich ebenso rasant zurückzuziehen. Auch aufgrund ihrer Geschwindigkeit sollte man sich als Taucher von den Unterschlüpfen von Muränen fernhalten und als Aquarianer selbst nach jahrelanger Pflege nie die Wachsamkeit aufgeben.

Muränen (hier: *Gymnothorax dovii*) fehlen die Brust- und Bauchflossen, und sie besitzen einen aus Rücken-, Schwanz- und Afterflosse zusammengesetzten Flossensaum Foto: A. Dacosta

„Hörner"

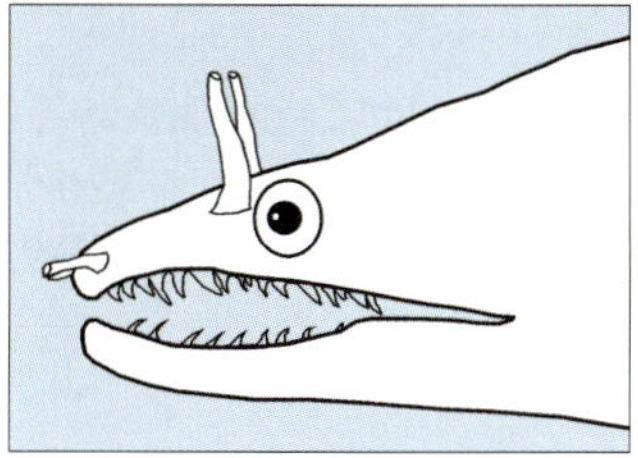
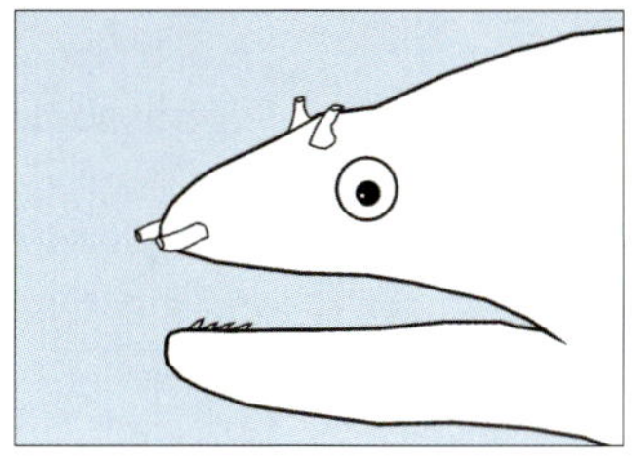
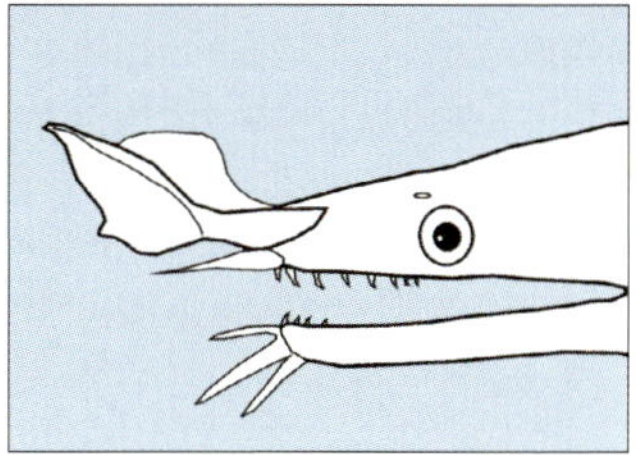

Beispiele für hornähnliche Hautanhängsel und Verlängerungen der vorderen und hinteren Nasenlöcher; links: Drachenmuräne (*Enchelycore pardalis*) mit langen Röhren an den hinteren Nasenlöchern und kurzen Röhren an den vorderen; Mitte: Argusmuräne (*Muraena argus*) mit Röhren an den vorderen und hinteren Nasenlöchern; rechts: Nasenmuräne (*Rhinomuraena quaesita*) mit trompetenartig verlängerten vorderen Nasenlöchern und zusätzlichen, spitzen Anhängseln an Unter- und Oberkiefer

Einige Muränen besitzen im Bereich der hinteren Nasenlöcher hornähnlich geformte, aber weiche Fortsätze. Vor allem in den Gattungen *Muraena* und *Uropterygius* ist dies der Fall. Natürlich haben diese „Hörner" biologisch mit denen mancher Huftiere nichts gemein. Ihre Funktion ist noch nicht eindeutig geklärt - vielleicht spielen sie bei Partnersuche und Balz eine Rolle, möglicherweise vergrößern sie aber auch einfach nur die Oberfläche der Geruchsrezeptoren. Darüber hinaus finden sich bei manchen *Muraena*-Arten haarähnliche, kurze Hautanhängsel auf der Stirn, deren Funktion ebenfalls noch unbekannt ist. *Rhinomuraena quaesita* zeigt neben den trompetenartig erweiterten vorderen Nasenlöchern zusätzlich durch Hautanhängsel verlängerte Ober- und Unterkiefer.

Beim Anblick einiger Muränen, besonders von Angehörigen der Gattung *Enchelycore*, wird man eine gewisse Ähnlichkeit mit Darstellungen von Drachen aus Mythen und Sagen feststellen. Vielleicht waren Muränen, die einst von Fischern mit nach Hause gebracht wurden, sogar Quelle und Inspiration fantastischer Geschichten. Jedenfalls wurden einige zur Zeit der Weltumsegelungen als „junge Seeungeheuer" gefangene und in Alkohol konservierte Tiere als Muränen identifiziert.

Muraena lentiginosa (links) mit kurzen „Hörnern" und *M. pavonina* (rechts) mit langen „Hörnern"; beide gelangen zuweilen als „Drachenmuräne" in den Handel

Die Funktion kurzer, haarähnlicher Hautanhängsel hinter den „Hörnern" einiger Arten wie dieser *Muraena lentiginosa* ist noch unbekannt

Maul und Zähne

Muränen sind ausnahmslos Raubfische. Ihre Maulspalte reicht sehr tief, und die Kiefermuskulatur ist kräftig. Nach dem Verschlingen großer Beutestücke scheint es oft, als müssten die Tiere ihre gedehnten Kiefer wieder neu richten, und dabei erkennt man häufig erst das tatsächliche Ausmaß ihres Mauls.

Während viele andere Raubfische wie z. B. Zackenbarsche oder Rotfeuerfische ihre Beute durch Saugschnappen aufnehmen, überwältigen Muränen ihre Nahrung durch kräftiges Zubeißen, bei dem ein immens hoher Beißdruck erzeugt wird, der im Fall größerer Arten sogar Knochen brechen kann.

Neben den eigentlichen Kiefern besitzen Muränen, wie viele andere Knochenfische, ein zusätzliches Paar verborgener Schlundkiefer, mit deren Hilfe die Beute tief in die Speiseröhre gezogen wird. Die Bewegung des zweiten Kieferpaares im Schlund ist oftmals gut zu erkennen, denn durch sie wird die Beute – ähnlich wie bei einer menschlichen Schluckbewegung – in Richtung Magen befördert.

Die Zähne von Muränen sind zumeist hakenförmig und auf das Festhalten von Beutefischen spezialisiert. Sie haben keine Wurzeln und bestehen aus einer hornähnlichen Substanz, die rund um eine basale Knochenmasse angeordnet ist. Muränenzähne können bei Verlust beliebig oft ersetzt werden – schon bereitstehende Ersatzzähne wie bei Haien sind allerdings nicht vorhanden.

Neben den spitzen Zähnen am Kieferrand besitzen viele Muränen auch verlängerte Fangzähne, und nicht selten stehen die Zähne in mehreren Reihen; auf jeder Kieferseite des Oberkiefers befinden sich dann zwei oder drei Zahnreihen, wobei die längeren Fangzähne mittig liegen. Diese sind nicht im eigentlichen Kieferknochen verankert, sondern in der Schädelbasis – und sie können meistens eingeklappt werden, wenn sie nicht in Gebrauch sind.

Weil die Zähne von Muränen nichts mit Aufbau und Anatomie von Säugetierzähnen gemein haben – u. a. fehlen Zahnschmelz und -zement – werden sie häufig als „Pseudozähne" bezeichnet.

Einigen Muränen, vor allem solchen aus der karibischen Artengruppe um *Gymnothorax ocellatus* und *Gymnothorax saxicola*, fehlen jedoch die Fangzähne in der Mitte des Oberkiefers. Sie haben stattdessen verlängerte Zähne auf beiden Seiten des Unterkiefers. Es ist zu

Blick ins Muränenmaul: Bei der Juwelenmuräne (*Muraena lentiginosa*, links) und der Netzmuräne (*Gymnothorax favagineus*, Bild rechts) sind die starken Kiefermuskeln und die Schlundkiefer (weiß) zu erkennen Foto (links): D. Knop

erwarten, dass diese Arten in Zukunft in eine eigene Gattung gestellt werden.

Viele Muränen haben abgerundete Zähne, die fast schon zu Platten verwachsen sind und sich gut zum Zerbrechen gepanzerter Tiere wie Krebsen, Schnecken und Muscheln eignen. Bei anderen Arten ähneln die Zähne wiederum eher einem Sägeblatt und erlauben ein Zerteilen der Beutetiere durch ruckartige Kopfbewegungen. Je nach Art und Beuteschema können Muränengebisse auch aus einer Kombination von spitzen Zähnen und Zahnplatten bestehen.

Die Anordnung der Zähne im Kiefer ist ein wichtiges Merkmal zur Bestimmung von Verwandtschaftsverhältnissen – und viel eindeutiger als z. B. die Färbung.

Auch das Geschlecht lässt sich bei einigen Spezies anhand der Zähne feststellen. Anzahl und Anordnung ändern sich zudem bei vielen Arten im Lauf des Wachstums und geben dann sogar Hinweise auf das Alter. Bei lebenden Exemplaren im Meer oder im Aquarium sind Details der Bezahnung aber leider nicht immer leicht zu erkennen.

Die kräftige Kiefermuskulatur und die effektive Bezahnung von Muränen erfordern es, bei ihrer Pflege stets vorsichtig und wachsam zu sein. Verletzungen durch Muränen sind meist sehr schmerzhaft, bluten stark und können zu gefährlichen Sekundärinfektionen führen. Größere Muränen erzeugen umfangreiche und schwer heilende Fleischwunden. Am besten ist es daher, nicht in ein Muränenaquarium hineinzugreifen und bei Fütterung oder Reinigungsarbeiten so weit wie möglich Pinzetten, Futterzangen oder ähnliche Hilfsmittel zu verwenden. Eine leichte Bisswunde sollte man sofort unter fließendem Wasser gründlich säubern und desinfizieren – bei größeren Bisswunden muss zudem ein leichter Druckverband angelegt und ein Arzt aufgesucht werden.

Beispiele für Muränengebisse

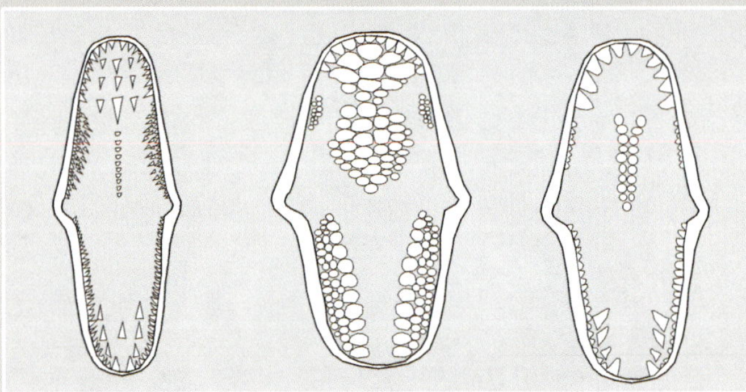

Abbotts Muräne (*Gymnothorax eurostus*, links) ist ein Fischfresser mit vielen spitzen, gebogenen Zähnen. Die Zebramuräne (*Gymnomuraena zebra*, Mitte) ist ein Krebsfresser mit stumpfen und runden Zahnplatten. Die Sternchenmuräne (*Echidna nebulosa*, rechts) ernährt sich hauptsächlich von Krabben, frisst aber auch kleine Fische. Abbildung nach Böhlke & Randall (2000)

Langkiefermuräne (*Channomuraena vittata*) mit vielen kleinen, spitzen Zähnen Foto: E. Muller

Gelbe Muräne (*Gymnothorax prasinus*) mit drei Reihen langer Fangzähne
Foto: R. Ling

Zahnplatten von *Gymnomuraena zebra*

Sternchenmuräne (*Echidna nebulosa*) mit stumpfen Zahnplatten in der Mitte und außen liegenden abgerundeten, kurzen Zähnen

Juwelenmuräne (*Muraena lentiginosa*) mit einer Reihe mittig liegender Fangzähne

Atmung

Diese Goldmuräne (*Gymnothorax miliaris,* rechts) und die Labyrinthmuräne (*Echidna delicatula,* links) offenbaren beim Dehnen ihres Kiefers die Öffnungen, durch die das aufgenommene Wasser vom Maul aus in die Kiemen strömen kann

Muränen atmen wie die meisten Fische über Kiemen. Kiemendeckel besitzen sie aber nicht. Durch das Öffnen des Mauls wird das Wasser eingesaugt, dann strömt es seitlich in die Kiemen, die durch einen flexiblen Kiemensack geschützt sind. An dessen hinterem Ende liegt der Ausgang der Kiemen in Form eines kleinen Lochs.

Der Atemvorgang läuft nach folgendem Schema ab: Die Muräne öffnet und schließt ihr Maul leicht und pumpt so Wasser in den Kiemensack. Dieser wird aufgebläht, die Kiemen entziehen dem Wasser den lebenswichtigen Sauerstoff und geben CO_2 und Ammonium ab. Das Wasser wird dann über die Ausgangsöffnung aus den Kiemen gepresst, und der Kiemensack erschlafft.

Dieses „aktive" Atmen ist sowohl in der Natur als auch im Aquarium gut zu beobachten. Eine permanent hohe Atemfrequenz mit stets weit aufgerissenem Maul ist hingegen ein Hinweis darauf, dass der Sauerstoffgehalt des Wassers zu niedrig ist oder ein anderes Problem hinsichtlich der Wasserqualität besteht. Nach dem Verzehr einer sehr großen Futterportion atmen viele Muränen jedoch für einige Stunden sehr tief und mit erhöhter Frequenz, weil der Verdauungsprozess viel Sauerstoff verbraucht.

Bei diesem Exemplar von *Gymnothorax javanicus* wurden die gewöhnlich von der dicken Haut des Kiemensackes bedeckten Kiemenblätter freigelegt – wahrscheinlich bei einem Kampf mit einem anderen Tier. Die Wunde scheint aber gut verheilt zu sein. Foto: B. Nies

Wahrnehmung

Bei der Schwarzohrmuräne (*Muraena pavonina*) sitzen auf den vorderen und den hinteren Nasenlöchern röhrenartige Verlängerungen. Kanäle, die mit Geruchslamellen ausgestattet sind, verbinden die vorderen mit den hinteren Öffnungen, sodass Wasser hindurchströmen kann.

Die Nasen von Muränen sind hoch entwickelt und stellen ihr wichtigstes Sinnesorgan dar. Muränen haben vier Nasenlöcher. Die beiden vorderen liegen an der Spitze der Schnauze. Meist sitzen kurze Röhren auf diesen Nasenlöchern, die bei manchen Arten nach vorn verlängert sein können. Die hinteren Nasenlöcher befinden sich oberhalb der Augen und sind bei einigen Arten groß sowie von einem fleischigen Rand umgeben. Die vorderen und die hinteren Nasenlöcher sind durch Kanäle miteinander verbunden, an denen die Geruchsrezeptoren liegen. Wasser strömt also permanent durch die vorderen Nasenlöcher, fließt entlang der Kanäle und verlässt diese durch die hinteren Nasenlöcher. Bisweilen sieht man eine Muräne vor der Fütterung etwas heftiger atmen als sonst – und das liegt meist daran, dass sie versucht, mehr Wasser durch die Geruchsorgane zu schleusen, um Geruchsstoffe stärker wahrzunehmen.

Die Geruchsorgane von Muränen sind rosettenartig geformt und bestehen je nach Art aus 20 bis über 150 Lamellen, durch deren Struktur die Oberfläche, über die Gerüche aufgenommen werden, stark vergrößert wird. Der Geruchswahrnehmung dienen drei unterschiedliche Zelltypen, und die Anzahl der Geruchszellen variiert zwischen den einzelnen Spezies erheblich. *Echidna*-Arten sowie *Gymnothorax griseus*, die sich hauptsächlich von Krebstieren ernähren, besitzen offenbar einen besseren Geruchssinn als die bevorzugt fischfressenden Vertreter der Gattung *Gymnothorax*, die sich eher auf ihr Seitenlinienorgan und ihre Augen verlassen.

Der zweite wichtige Faktor für die Sinneswahrnehmung von Muränen ist ihr Seitenlinienorgan. Im Gegensatz zu den meisten anderen Fischen ist es bei Muränen hauptsächlich auf den Kopf konzentriert, wo man es anhand

Trompetenartig vergrößerte vordere Nasenlöcher bei *Rhinomuraena quaesita* – vielleicht dienen sie der stärkeren Durchströmung der Geruchsorgane mit Geruchsstoffen und damit der besseren Sinneswahrnehmung Foto: T. Reamy

größerer Poren ausmachen kann. Durch seine Position am Kopf der Tiere ist es Muränen möglich, das Seitenlinienorgan auch dann einzusetzen, wenn der größte Teil ihres Körpers in einer Felsspalte verborgen ist. Die Poren des Seitenlinienorgans führen zu direkt unter der Haut verlaufenden, gallertgefüllten Kanälen. Darin sitzen empfindliche Sinneszellen, die auf Bewegungen der Gallerte im Kanal reagieren und Nervenimpulse an das Gehirn weitergeben. Auf diese Weise können Muränen Druckwellen unter Wasser wahrnehmen, wie sie beispielsweise ein verletzter, zappelnder Fisch auslöst. Das Harpunieren von Fischen lockt daher oftmals bereits Muränen herbei, auch wenn der Geruch von Blut ihre Verstecke noch nicht erreicht hat.

Besonders die sich von Krebstieren ernährenden Muränen der Gattungen *Gymnomuraena* und *Echidna* sowie einige *Gymnothorax*-Arten setzen ihr Seitenlinienorgan gezielt ein. Um Verwechslungen von Krebstieren mit leblosen Steinen zu vermeiden, schwenken sie mehrfach den Kopf vor einem potenziellen Beutetier, wahrscheinlich um ein dreidimensionales Bild seiner eventuellen Bewegungen zu erhalten. Oft beißen sie erst dann zu, wenn sie sich durch diese Untersuchung von der Fressbarkeit überzeugt haben, und häufig fressen die Tiere auch danach nur mit großer Vorsicht. Allerdings sollte diese Zögerlichkeit mancher Muränen einen Pfleger oder Taucher niemals zur Handfütterung ermutigen – selbst eine ansonsten freundliche Sternchenmuräne (*Echidna nebulosa*) kann dabei schnell und unerwartet zubeißen.

Die Sehkraft von Muränen gilt als mäßig, und tatsächlich nehmen Muränen wahrscheinlich nur sich bewegende Objekte deutlich wahr. Zur Orientierung und bei der Jagd verlassen sie sich hauptsächlich auf ihren Geruchssinn und die Wahrnehmung von Druckwellen mithilfe ihres Seitenlinienorgans.

Arten wie z. B. die Labyrinthmuräne (*Echidna delicatula*) oder Abbotts Muräne (*Gymnothorax eurostus*) sehen jedoch durchaus gut. Viele reagieren auch auf ihr Spiegelbild und zeigen damit, dass ihre Augen in Wirklichkeit besser sind als deren Ruf. Bei der Krabbenjagd an Land, die z. B. die Kettenmuräne und die Pfeffermuräne beherrschen, verlassen sich die Tiere sogar ausschließlich auf ihre Augen.

Als Tastorgane benutzen Muränen Schnauze und Schwanzspitze, die beide sehr sensibel sind. Die Schwanzspitze hilft vor allem bei der Suche nach geeigneten Verstecken, und mit der Schnauzenspitze wird insbesondere Unbekanntes auf seine Eignung als Nahrung geprüft.

In kleinen, porenartigen Vertiefungen am Kopf dieses Exemplars von *Gymnothorax favagineus* sitzen die Zugänge zum Seitenlinienorgan. Die größten Poren finden sich an Ober- und Unterkiefer, und weitere Porenreihen verlaufen unterhalb des Scheitels bis zum Mundwinkel.

Gift

Häufig wird vor allem in älterer Literatur darauf hingewiesen, der Biss einer Muräne sei sehr giftig und fünf Arten verfügten sogar über für den Menschen tödliches Gift – darunter die vielen Urlaubern und Tauchern bekannte Mittelmeermuräne (*Muraena helena*). Auch in aktuellen Publikationen findet sich der Hinweis auf giftige Sekrete der Mundschleimhaut und des Hautschleims.

Giftzähne wie viele Schlangen besitzen Muränen zwar nicht, aber sie sind in vielfacher Hinsicht tatsächlich als giftig zu bezeichnen. Keulenförmige Zellen in der Schleimhaut produzieren u. a. das Glycoprotein Hämagglutinin, das rote Blutkörperchen zum Verklumpen bringt. Auch ein weiteres, noch nicht im Detail analysiertes Protein, das Blutkörperchen zersetzt, wurde in der Schleimhaut der Art *Gymnothorax nudivomer* nachgewiesen.

Giftproduzierende Zellen wurden auch in anderen Muränenarten gefunden, weshalb davon auszugehen ist, dass viele oder vielleicht sogar alle Spezies Hautgifte (Crinotoxine) absondern.

Konzentration sowie Verteilung der giftigen Zellen und damit auch der Grad der Giftigkeit einzelner Spezies sind bislang aber weitestgehend unerforscht.

Sicherheitshalber sollte man insbesondere bei Verletzungen an den Händen nicht ins Muränenaquarium greifen und grundsätzlich die Berührung der Tiere ohne Schutzhandschuhe vermeiden. Dies gilt insbesondere für Allergiker, die bereits auf andere Tiergifte (z. B. Bienenstiche) empfindlich reagieren. Der Ichthyologe John RANDALL geht davon aus, dass es einen Zusammenhang zwischen der Giftigkeit und der Art der Bezahnung gibt. Demnach erzeugten Spezies mit gesägten Zähnen die schmerzhaftesten Bisse, denn vermutlich können sie giftige Substanzen am effektivsten in die Wunde übertragen. Toxizität und Menge der bei einem Muränenbiss übertragenen Gifte sind nach derzeitigem Kenntnisstand im Vergleich zu anderen Tiergiften eher gering.

Die Giftigkeit eines Muränenbisses beruht jedoch nicht nur auf dem injizierten Gift, sondern auch auf den Bakterien, die im Maul der Tiere leben und aus ansonsten harmlosen Bisswunden bei unzureichender Versorgung schnell eine Sepsis („Blutvergiftung“) entstehen lassen können. Die dabei von den Bakterien freigesetzten Toxine können zum Tod führen, auch wenn in jüngerer Zeit keine Muränenbisse mit letalen Folgen dokumentiert wurden. Daher sollten größere oder schlecht heilende Muränenbisse z. B. hinsichtlich *Vibrio*, *Pseudomonas* oder anderen Bakterien untersucht werden.

Im Gegensatz zu der manchmal etwas überbewerteten Giftigkeit von Muränenbissen ist das Blut der Muränen – wie auch das von Aalen – in der Tat relativ giftig, weshalb ihr Fleisch roh nicht zum Verzehr geeignet ist. Das Blut enthält unterschiedliche Konzentrationen blutzersetzender (hämolytischer) Ichthyotoxine, eine vor allem von Aalartigen produzierte Gruppe giftiger Eiweiße.

Symptome einer Ichthyotoxin-Vergiftung beim Menschen sind beschleunigter Herzschlag,

Der Verzehr großer Muränen wie dieser Riesenmuräne (*Gymnothorax javanicus*) hat schon oft zu schweren Vergiftungen und Todesfällen durch das Gift Ciguatoxin geführt
Foto: J. Oberguggenberger

Kleine Bissverletzung durch eine 30 cm lange Goldstaubmuräne (*Gymnothorax tile*). Muränenbisse sollten sofort gesäubert werden, um das Infektionsrisiko zu verringern.

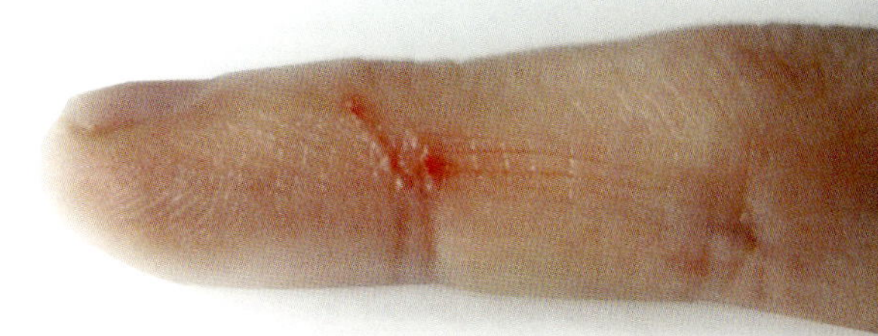

beschleunigte Atmung und Muskelkrämpfe. Die tödliche Dosis bei einer direkten Injektion wird bei etwa 0,1 ml pro Kilogramm Körpermasse vermutet. Muränenblut sollte daher also nicht mit offenen Wunden, den Augen oder anderen Schleimhäuten in Berührung kommen.

Bei einer Zubereitung der Tiere zum Verzehr muss darauf geachtet werden, dass 75 °C überschritten werden, denn oberhalb dieser Temperatur zersetzen sich die Ichthyotoxine vollständig. Bei der Zubereitung von Aal wird dies häufig durch Räuchern erreicht. Aber auch eine Konservierung durch Einsalzen und Trocknen macht diese Giftstoffe offenbar unschädlich.

Dennoch ist der Verzehr mancher Muränen auch bei einer Erhitzung des Fleisches auf über 75 °C nicht immer gefahrlos. Vielfach wurden verschiedene Arten von Muränen mit der als Ciguatera bezeichneten Lebensmittelvergiftung in Zusammenhang gebracht. Diese wird sogar mit Bezug auf die Muränengattung *Gymnothorax* als „*Gymnothorax*-Vergiftung" bezeichnet. Ciguatera wird durch Substanzen hervorgerufen, die im Fleisch gespeichert sind, vom Erhitzen aber nicht beeinflusst werden.

Ursprünglich wurde die Ciguatera mit bestimmten Schnecken in Verbindung gebracht – schließlich leitet sich das Wort eigentlich von „cigua" ab, der Bezeichnung für eine bestimmte Schneckenart, die man dafür ursprünglich verantwortlich machte. Heute kennt man die auslösenden Gifte Ciguatoxin sowie Maitotoxin und weiß, dass sie zu den stärksten bekannten Toxinen gehören. Sie werden von bestimmten Einzellern produziert und gelangen dann über die Nahrungskette in die Muränen. Dabei handelt es sich um Dinoflagellaten, die von weidenden Tieren wie Schnecken abgefressen und von Filtrierern wie z. B. Muscheln aus dem Wasser gesiebt werden. In diesen Tieren reichert sich das Gift an, ohne an ihnen Schaden zu verursachen. Auch in Muränen und anderen Fischen, die schließlich diese Muscheln oder Schnecken fressen, entfalten die betreffenden Substanzen keine Wirkung.

Anders ist es jedoch beim Menschen, denn Ciguatoxin blockiert die Natriumkanäle seiner Nervenzellen. Symptome einer Vergiftung sind u. a. Übelkeit, Erbrechen, Hautausschlag sowie kleinere Lähmungserscheinungen bzw. sonstige Störungen des Nervensystems. In der Regel (mehr als 99 % aller Fälle) verläuft die Vergiftung nicht tödlich. Dennoch sind Ausnahmen bekannt. Beispielsweise verstarben zwei von 57 Männern, die beim Verzehr einer einzigen großen Muräne vergiftet wurden.

Auch die Gifte Tetrodotoxin und Saxitoxin, die im Körper von Kugelfischen vorkommen, werden von Bakterien bzw. Dinoflagellaten erzeugt und gelangen über die Nahrungskette in die Fische. Im Gegensatz zu Ciguatoxin und Maitotoxin führt ihre Wirkung auf den menschlichen Körper jedoch wesentlich öfter zum Tod.

Bei *Gymnothorax nudivomer* wurde die giftige Wirkung des Hautschleims nachgewiesen, doch auch bei anderen Muränenarten wurden die giftproduzierenden Zellen in unterschiedlicher Anzahl gefunden Foto: J. Oberguggenberger

Geschlecht

Pünktchenmuränen (*Gymnothorax griseus*, rechts) verfügen als Zwitter gleichzeitig über funktionsfähige Geschlechtsorgane beider Geschlechter. Sternchenmuränen (*Echidna nebulosa*, links) durchlaufen als protogyne Zwitter nacheinander beide Geschlechterrollen, sind aber nur in der jeweils aktuellen fruchtbar.

Viele Fische absolvieren im Verlauf ihres Lebens einen Geschlechtswechsel – vom Weibchen zum Männchen oder andersherum. Dieses Phänomen findet sich auch bei Muränen, doch lässt der aktuelle Forschungsstand vermuten, dass es innerhalb der Familie Muraenidae kein einheitliches Schema der sexuellen Entwicklung gibt.

Viele der über 200 Arten sind getrenntgeschlechtlich. Das heißt, Männchen und Weibchen schlüpfen als solche und durchleben keinen Geschlechtswechsel. Dies ist z. B. bei der Mittelmeermuräne (*Muraena helena*), der Weißen Bandmuräne (*Pseudechidna brummeri*), *Echidna delicatula* und bei den meisten anderen bisher untersuchten Arten der Fall.

Weitere Spezies hingegen sind Zwitter, verfügen also sowohl über männliche als auch über weibliche Geschlechtsorgane, die jeweils gleichzeitig funktionsfähig sind. Dazu gehören beispielsweise die Pünktchenmuräne (*Gymnothorax griseus*), die Pfeffermuräne (*G. pictus*) sowie die Weißaugenmuräne (*G. thyrsoideus*).

Diejenigen Muränenarten, die einen Geschlechtswechsel vollziehen, kommen als Weibchen zur Welt und wandeln sich später in

Männchen um. Man bezeichnet sie aufgrund der Reihenfolge der Geschlechterrollen als protogyne Zwitter. Sie besitzen zwar sowohl männliche als auch weibliche Geschlechtsorgane, sind aber – im Gegensatz zu den oben aufgeführten Spezies – stets nur in einer Geschlechterrolle fruchtbar. Zu dieser Gruppe gehören u. a.

- Sternchenmuräne (***Echidna nebulosa***) (Seite 98)
- Gelbkopfmuräne (***Gymnothorax fimbriatus***) (Seite 122)
- Zebramuräne (***Gymnomuraena zebra***) (Seite 109)

- ***Gymnothorax margaritophorus*** (Seite 134)
- ***Gymnothorax gracilicauda*** (Seite 127)
- ***Gymnothorax flavimarginatus*** (Seite 123)

- ***Muraena pavonina*** (Seite 173)
- ***Uropterygius fasciolatus*** (Seite 182)
- ***Uropterygius polyspilus*** (Seite 182)

Die Nasenmuräne (*Rhinomuraena quaesita*) verkörpert nach derzeitigem Kenntnisstand einen Sonderfall innerhalb der Familie Muraenidae. Sie durchläuft während ihres Lebens nämlich eine dem „Normalfall" entgegengesetzte Geschlechtsentwicklung, schlüpft also stets als Männchen und wandelt sich nach einigen Jahren in ein Weibchen um. Tiere, die ihre Geschlechterrolle in dieser Reihenfolge verändern, werden protandrische Zwitter genannt.

Im Fall der Nasemuräne wird diese Umwandlung von einer Veränderung der Körperfarbe begleitet, sodass die Geschlechter rein visuell leicht unterschieden werden können. Bei den überwiegend gelborange gefärbten Tieren handelt es sich um Weibchen, während schwarze und überwiegend blaue Exemplare männlich sind.

Nur bei wenigen Muränen lassen sich die Geschlechter so einfach anhand der unterschiedlichen Färbung bestimmen wie bei der Nasenmuräne. Bei vielen anderen Arten gibt es nur vage Anhaltspunkte hinsichtlich der Körperform und Leibesfülle, die als Unterscheidungskriterien herangezogen werden können. Schäfer (2005) vermutet, Exemplare von *Gymnothorax tile* mit längerer Schnauze und kräftigeren Hinterhauptshöckern könnten Männchen sein. In der Regel – aber bei Weitem nicht immer – werden männliche Muränen etwas größer und kräftiger als die Weibchen, die unter Umständen anhand eines Laichansatzes im hinteren Bereich des Bauches identifiziert werden können. Bei *Gymnothorax equatorialis* sind es jedoch die Weibchen, die meist etwas mehr an Körpergröße erreichen. Männchen verschiedener Arten haben nach Thresher (1984) und Böhlke (1997) manchmal auch relativ größere Augen und höhere Flossen. Bei der Drachenmuräne (*Enchelycore pardalis*) gibt es darüber hinaus Spekulationen bezüglich farblicher Unterschiede der Geschlechter, die aber noch nicht zweifelsfrei nachgewiesen werden konnten.

Bei einigen Spezies lassen sich die Geschlechter mit etwas Übung und viel Geduld auch anhand der unterschiedlichen Bezahnung bestimmen. Dies ist z. B. bei der Sternchenmuräne (*Echidna nebulosa*), der Ringelmuräne (*Echidna polyzona*), Richardsons Muräne (*Gymnothorax richardsonii*), der Weißen Bandmuräne (*Pseudechidna brummeri*), der Nasenmuräne (*Rhinomuraena quaesita*) und bei *Gymnothorax robinsi* der Fall. Bei den bislang untersuchten Arten besitzen Männchen deutlich weniger, aber etwas größere Zähne als Weibchen, und den Männchen von *Gymnothorax robinsi* sowie *Pseudechidna brummeri* fehlen die vorderen Fangzähne im Oberkiefer, solchen von *Gymnothorax richardsonii* auch im Unterkiefer.

Untersuchungen an *Echidna*-Arten haben gezeigt, dass Männchen dieser Gattung außerdem eher hakenförmige Zähne mit teilweise gesägten Kanten aufweisen, während die Zähne der Weibchen stumpf sind. Anhand solcher Merkmale ist es bei einigen Muränenarten also durchaus auch dem Laien möglich, das Geschlecht seines Tieres zu bestimmen.

Fortpflanzung

In der Antike rankten sich um Muränen sagenhafte Geschichten und Mythen. Wie Plinius der Ältere berichtet, nahm man damals an, dass sich Muränen nur bei einer bestimmten Planetenkonstellation vermehren könnten – und so versah man die Becken zur Muränenhaltung, die bisweilen in Felsgrotten angelegt wurden, mit bis zur Wasseroberfläche reichenden Fenstern, damit das Sternenlicht die Tiere erreichen konnte. Als Väter der Muränenkinder galten in der antiken Vorstellung nicht männliche Muränen, sondern Schlangen. Zwar entsprechen diese fantasievollen Mutmaßungen nicht unserem modernen Wissen, doch liegen viele Aspekte des Fortpflanzungsverhaltens von Muränen auch heute noch im Dunkeln.

Hinsichtlich des Zeitpunktes und des Verlaufs einer Muränenpaarung gibt es offensichtlich artspezifisch große Unterschiede. Von *Gymnothorax equatorialis* ist beispielsweise bekannt, dass diese Art zwei Paarungszeiten hat – in der Mitte sowie gegen Ende des Jahres. Vielfach wird vermutet, dass die meisten Muränen abends oder nachts in größeren Wassertiefen und in Gruppen ablaichen. Auf Vermutungen ist man beschränkt, weil bislang nur bei wenigen Arten (*Gymnothorax herrei, G. javanicus, G. kidako* und *Uropterygius necturus*) ein im Flachwasser stattfindender Paarungs- und Ablaichvorgang beobachtet werden konnte. Bei den großen Arten *Gymnothorax kidako* und *G. javanicus* waren jeweils zwei Tiere beteiligt, wohingegen es bei *G. herrei* und *U. necturus* vier bis acht waren. Wiederum anders verhält es sich mit *Gymnothorax herrei* – hier konnte eine Paarung beobachtet werden, an der ein großes Weibchen und mehrere Männchen teilnahmen. Diesen Ereignissen vorausgegangen war meist ein Paarungstanz, bei dem die Muränen teils nebeneinander schwammen und sich dann gegeneinander aufrichteten. Die „Gruppen-Paarung" von *G. herrei* fand hingegen in einem chaotischen Knäuel statt, das die männlichen Tiere erzeugten, indem sie sich in das Weibchen verbissen.

Riesenmuränen (*Gymnothorax javanicus*)

Muränen legen in der Regel mehrere Tausend Eier. Bei *G. griseus* konnten 8.000–12.000 Stück gezählt werden, bei *G. equatorialis* 10.000–100.000 und bei *G. javanicus* sogar unglaubliche 200.000–300.000 Eier. Diese schweben frei, sind relativ groß (je nach Art ca. 1–5 mm), und die Larven schlüpfen nach etwa vier Tagen. Nachdem sie für 4–6 Monate als sogenannte Leptocephalus-Larven im Plankton gelebt haben, ähneln sie bereits winzigen Muränen. Im 19. Jahrhundert wurden solche Larven irrtümlich sogar als eigene Tiergruppe beschrieben.

Auch wenn Muränen wie *Gymnomuraena zebra*, *Gymnothorax griseus*, *G. moringa*, *G. tile* und *Rhinomuraena quaesita* bereits in Aquarien abgelaicht haben, ist eine Aufzucht der Jungen bislang nicht geglückt – möglicherweise, weil die Eier nicht befruchtet waren. Aber auch bereits geschlüpfte Leptocephalus-Larven am Leben zu erhalten, ist ein äußerst schwieriges Unterfangen. Dies liegt u. a. an der Ernährung, denn die Larven fressen stark selektiv nur bestimmte Planktonarten sowie Kotpillen anderer Planktonorganismen. Aufgrund dessen wäre die Versorgung mit nach Größe gesiebtem, natürlichem Meeresplankton am ehesten erfolgversprechend.

Weil die künstliche Nachzucht bislang unmöglich ist, sind alle im Aquaristikhandel angebotenen Muränen der Natur entnommen. Diese Wildfänge sollten auf ein Minimum begrenzt werden, und das erfordert natürlich zuallererst, dass die im Aquarium gepflegten Exemplare möglichst lange leben.

Dennoch sollte auch die Vermehrung unter Aquarienbedingungen ein zukünftiges Ziel der Pflege von Muränen sein. Problematisch ist dabei aber auf jeden Fall, dass einige Spezies katadrom leben, also Wanderfische sind – wie z. B. die Leopardmuräne (*Gymnothorax polyuranodon*). Das bedeutet, dass die Adulten, ähnlich unseren einheimischen Aalen, zur Fortpflanzung ins offene Meer wandern, während die Jungtiere nach dem Abschluss ihres marinen Larvenstadiums zurück in die Ästuare und Flüsse ziehen.

Einige Muränenarten leben paarweise – Riesenmuränen (links) (*Gymnothorax javanicus*; Foto: B. Nies), Weißaugenmuränen (oben) (*Gymnothorax thyrsoideus*; Foto: B. Nies) und Schwarzohrmuränen (unten) (*Muraena pavonina*)

Im Gegensatz dazu geht man im Fall der Goldstaubmuräne (*G. tile*) davon aus, dass diese anadrom lebt. Demnach begeben sich die Tiere zum Laichen, ähnlich wie Lachse, ins Süß- und Brackwasser. Dort wachsen die Jungtiere auf und wandern dann ins Meer. Die Vermutungen über die Fortpflanzung wandernder Muränen werden hauptsächlich durch die unterschiedlichen Größen der an verschiedenen Orten gefangenen Tiere gestützt. Mittlerweile hat man es in Australien aber geschafft, Aale kommerziell zu vermehren, und aufgrund der Parallelen zur Fortpflanzung von Muränen ist anzunehmen, dass die Herausforderung ihrer künstlichen Nachzucht trotz aller Schwierigkeiten durchaus zu bewältigen ist.

Wachstum und Alter

Die Wellenmuräne (*Gymnothorax undulatus*) kann im Aquarium bei guter Pflege über 18 Jahre alt werden
Foto: E. Sullivan

Exemplare groß werdender Muränenarten können unglaublich schnell wachsen. 30 cm Zuwachs in einem einzigen Jahr sind bei reichlicher Fütterung durchaus keine Seltenheit. Kleinere Arten können innerhalb von drei Jahren bereits ihre Adultgröße erreichen. Die Möglichkeit, ein Jungtier aufgrund seiner noch geringen Größe in einem später eigentlich viel zu kleinen Aquarium unterzubringen, sollte man also besser gar nicht erst in Erwägung ziehen.

Muränen können in Aquarien ein sehr hohes Alter erreichen – groß werdende Arten bisweilen 40 Jahre und mehr. Grüne Muränen leben in öffentlichen Aquarien bei guter Pflege fast schon regelmäßig über 20 Jahre lang. Selbst kleinere Arten wie z. B. *Gymnothorax pictus* werden in Aquarien mindestens acht Jahre alt, die Goldstaubmuräne (*G. tile*) und die Sternchenmuräne (*Echidna nebulosa*) folgen ihr mit zehn und 14 Jahren. Die Juwelenmuräne (*Muraena lentiginosa*) wird über 16 Jahre alt, die Wellenmuräne (*Gymnothorax undulatus*) sogar noch zwei Jahre älter.

Dass die Tiere ein so hohes Alter erreichen, sollte das Ziel jeder Muränenpflege im Aquarium sein – auch wenn der Pfleger dies aufgrund der individuellen genetischen Voraussetzungen und der früheren Lebensgeschichte der Tiere nicht gänzlich beeinflussen kann.

Bevor Muränen an Altersschwäche sterben, äußern sich Verfallserscheinungen in Appetitlosigkeit trotz günstiger Umweltbedingungen. Da aber auch bei jungen, gesunden Tieren eine gelegentliche Nahrungsverweigerung auftreten kann, ist dies kein sicheres Anzeichen für ein bevorstehendes Ableben.

Junge Muränen wie diese Exemplare von *Gymnothorax dovii* suchen oft Schutz in der Gruppe, während man Adulte häufiger allein antrifft
Foto: A. Dacosta

Kapitel 2

Lebensweise und Verhalten

Riesenmuränen werden wie viele andere Arten häufig von diversen Garnelen und kleinen Fischen geputzt
Foto: Juniors Bildarchiv/ R. Dirscherl

Habitat

Die meisten Muränen leben in Wassertiefen bis 50 m in Fels- und Korallenriffen. Einige Arten findet man auch in größeren Tiefen bis 400 m. Manche Spezies suchen bevorzugt Seegraswiesen auf und leben in sandigem Substrat. Andere bevölkern die schlammigen Mangrovenwälder bis in die Brackwassergebiete und unteren Flussläufe. Als schlechte Schwimmer sind erwachsene Exemplare selten im offenen Meer zu finden, ihre Larven können aber mit den großen Meeresströmungen über sehr weite Distanzen verdriftet werden.

Muränen gehören weltweit zu den in Korallenriffen am stärksten vertretenen Raubfischen, wenngleich sie aufgrund ihrer versteckten Lebensweise kaum wahrgenommen werden. Auf das Gewicht bezogen schätzt man, dass in den Riffen vor Hawaii die Muränen mit 46 % fast die Hälfte aller jagenden Raubfische ausmachen.

„Süßwassermuränen"

Einige Muränenarten bewohnen die Korallenriffe nur zeitweise und verbringen einen Teil ihres Lebens in Brackwassergebieten und Flussmündungen. Gründe dafür können fortpflanzungsbedingte Wanderungen sein, aber ebenso Exkursionen ins Süßwasser zum Abtöten äußerer und innerer Parasiten. Niemals jedoch verbringen Muränen ihr gesamtes Leben im Süßwasser. Die handelsübliche, leider viel gebrauchte Bezeichnung „Süßwassermuräne“ für diverse Arten täuscht vor, man könne diese Muränen dauerhaft in einem Süßwasseraquarium pflegen. Dies tritt jedoch nicht zu. Viele Aquarianer glauben, die Unterhaltung eines Meerwasseraquariums sei teurer und schwieriger als die eines Süßwasserbeckens. Darum verkaufen sich Süßwassertiere natürlich auch deutlich besser als Meeresfische.

Dass eine dauerhafte Pflege in Süßwasser den Tieren aber nicht gut tut, ist ihnen oftmals bereits im Zoofachhandel anzusehen, wo sie ebenfalls in Süßwasser gehalten und verkauft werden. Während diese Muränen im Meerwasser sehr resistent gegenüber Krankheiten sind, leiden sie im Süßwasser oft unter bakteriellen Infektionen und verweigern meist jegliche Nahrung, und aus Gründen der Vernunft ist kaum nachvollziehbar, warum diese Praxis immer noch betrieben wird. Vor allem drei Arten tauchen regelmäßig als „Süßwassermuränen“ auf. Am häufigsten wird *Gymnothorax tile* unter dieser Bezeichnung angeboten, wenngleich diese Spezies eigentlich am schlechtesten für die Haltung im Süßwasser geeignet ist. Meist sterben die Tiere unter diesen Umständen bereits nach wenigen Wochen bis Monaten. Gefolgt wird *G. tile* von *G. polyuranodon* und *Echidna rhodochilus*, die ebenfalls oft als „Süßwassermuränen“ angeboten werden und Süßwasserhaltung zumindest etwas besser tolerieren. Zu allem Überfluss wird zuweilen sogar die Sternchenmuräne (*Echidna nebulosa*) für die Süßwasseraquaristik angeboten, obwohl in ihrem Fall überhaupt keine Chance auf eine erfolgreiche Pflege im Süßwasser besteht.

Bei aller Kritik an der gegenwärtigen Rolle der „Süßwassermuränen“ im Zierfischhandel darf nicht unerwähnt bleiben, dass diese Arten durch ihre ausgesprochene Robustheit zumindest für die Meerwasseraquaristik eine gute Alternative zu den reinen Meeresbewohnern der Familie darstellen. Sie bleiben klein, stellen keine besonderen Anforderungen an den pH-Wert, die Salinität und die Temperatur, sofern sich diese Parameter innerhalb der üblichen Bandbreite bewegen. Selbst relativ hohe Nitratwerte werden problemlos ertragen.

Die Toleranz dieser Tiere gegenüber ungünstigen Umweltbedingungen darf zwar nicht zu nachlässiger Pflege verleiten, aber immerhin können sie eher als die dauerhaft im Meer lebenden Arten auch für Einsteiger in der Meerwasseraquaristik oder der Muränenpflege empfohlen werden.

Wenigstens eine spezifische Dichte von 1.005 ist jedoch nötig, um die Tiere langfristig am Leben zu erhalten. Diesen Anforderungen kann auch durch die Pflege in einem Brackwasseraquarium entsprochen werden, doch aufgrund der besseren Filtermöglichkeiten im Meerwasseraquarium durch den Einsatz von Abschäumern, Algenrefugien und Lebendgestein sollte dieser Möglichkeit der Vorzug gegeben werden.

Neben den oben aufgeführten Arten wird auch der Pampan (*Strophidon sathete*), mit 4 m Gesamtlänge die Längste aller Muränen, gelegentlich als vermeintliche Süßwasserart importiert. Diese Spezies ist dafür bekannt, gelegentlich kilometerweit Flüsse hinaufzuschwimmen. Ebenso sind *Anarchias seychellensis*, *Echidna leucotaenia*, *E. xanthospilos*, *Gymnothorax afer*, *G. fimbriatus*, *Uropterygius concolor* und *U. micropterus* auch in Brack- und Süßwasserregionen zu finden.

Bei der Umgewöhnung einer Muräne, die im Zoofachgeschäft in Süßwasser gehalten wurde, zur weiteren Pflege im Brack- oder Meerwasseraquarium kann relativ zügig vorgegangen werden. Als Hilfsmittel dienen ein sauberer Eimer mit Deckel sowie ein dünner Luftschlauch mit Schlauchklemme. Die Muräne wird mit wenig Süßwasser in den Eimer gesetzt, und anschließend lässt man über einen Zeitraum von 2–4 Stunden langsam so lange Meerwasser eintropfen, bis es 80 % des Eimerinhalts ausmacht.

Wer allerdings ganz behutsam agieren möchte, kann das Tier auch zunächst in ein Aquarium mit Süßwasser überführen und den Salzgehalt dann allmählich an den des Meerwasseraquariums anpassen, in dem die Muräne später leben soll. Dabei ist zu beachten, dass zu plötzliche Salinitätswechsel im Aquarium Filterbakterien abtöten können, was zu sprunghaft ansteigenden Ammonium- und Nitritkonzentrationen führen kann. Um dies zu vermeiden, sollte man bei der langsamen Umgewöhnung die spezifische Dichte nicht um mehr als drei Tausendstel pro Woche erhöhen.

Gymnothorax tile wird oft als „Süßwassermuräne" verkauft. Im Süßwasser ist diese Art jedoch sehr krankheitsanfällig, während sich ihre Pflege in Brack- oder Meerwasser recht unproblematisch gestaltet.

Jagdverhalten

Nur wenige Muränenarten sind von Natur aus tagaktiv. Die meisten jagen nachts und verlassen ihren Unterschlupf tagsüber nur selten. Vor allem kurz nach Sonnenuntergang und kurz vor Sonnenaufgang sind sie aktiv. Dabei verändern manche Arten auch ihre Färbung – die Kontraste werden schwächer und die Tiere insgesamt heller.

Als Jungtiere in ein Aquarium eingewöhnte Muränen stellen ihren Lebensrhythmus aber oftmals um und sind dann auch tagsüber zu beobachten – insbesondere in sehr ruhigen Becken. Meist sieht man sie tagsüber aber nur aus ihrer Höhle herausschauen, während sie diese frühestens in der Dämmerung verlassen. Da Muränen gerne einen festen Tagesablauf annehmen, können sie durch eine regelmäßig stattfindende Fütterung jedoch auch dazu bewegt werden, tagsüber bei voller Beleuchtung herauszukommen. Als Gewohnheitstiere warten sie dann meistens schon sehnsüchtig auf das Erscheinen des Pflegers mit einem Leckerbissen.

Wissenschaftliche Studien an Riffen haben ergeben, dass nur wenige Muränen in jeder Nacht auf die Jagd gehen. Die Schwarzfleckenmuräne (*Gymnothorax moringa*) jagt offensichtlich in zwei von drei Nächten, die Purpurmaulmuräne (*G. vicinus*) jedoch nur rund jede dritte Nacht.

Auch Untersuchungen des Mageninhalts vieler Muränen liefern Aufschluss darüber, wie oft die Tiere fressen. Dabei kam heraus, dass die allermeisten Spezies ebenfalls nur jede dritte Nacht oder sogar noch seltener Beute machen.

Randall beispielsweise dokumentierte den Mageninhalt verschiedener Muränenarten: Bei Sternchenmuränen hatten nur vier von 16 untersuchten Exemplaren etwas gefressen (einmal Fisch, dreimal Krabben), bei Abbotts Muräne 22 von 59 (achtmal Fisch und vierzehnmal Krabben sowie andere Krebstiere), bei der Gelbrandmuräne sieben von 24 (viermal Fisch und dreimal Krebstiere) und bei der Weißmaulmuräne acht von 25 (siebenmal Fisch und einmal Krabben). Brock untersuchte ganze 1.074 Ex-

Schwarzfleckenmuränen (*Gymnothorax moringa*) jagen etwa in zwei von drei Nächten. Viele Arten fressen sogar noch seltener.

emplare der Riesenmuräne und fand dabei nur im Magen von 158 Tieren Nahrung. 89 % davon enthielten Fische (u. a. einen Weißspitzen-Riffhai).

Wenn Muränen aus ihrem Unterschlupf kommen, dann meist nur für kurze Zeit. Manche Arten, z. B. *Anarchias*- oder *Uropterygius*-Spezies, verlassen das Riff praktisch nie und jagen nur in den Zwischenräumen von Felsen und Korallenstöcken. Andere, aktivere Arten, wie z. B. die Schwarzfleckenmuräne (*Gymnothorax moringa*), begeben sich jedoch auch für länge Zeitspannen von 1–15 Stunden auf Nahrungssuche.

In der Natur haben Muränen eine besondere Technik entwickelt, Fische und Wirbellose aus engen Riffspalten zu ziehen. Die Muräne erzeugt dabei mit ihrem Körper eine Verwindung, die einen regelrechten „Knoten" darstellt, und nutzt diesen als Widerlager, um stärker auf ihre Beute einwirken zu können. Lange Zeit wurde dieses Verhalten als Legende abgetan, doch inzwischen konnte es durch Filmaufnahmen und auch eigene Beobachtungen des Autors bestätigt werden. Interessanterweise setzen manche Muränen diese „Knotentechnik" auch ein, um aus größeren Fischen Stücke herauszureißen. Obwohl es eher selten vorkommt, können Muränen auf diese Weise auch im Aquarium größere Fische schwer verwunden oder töten, die als Beute eigentlich zu groß wären – dies gilt selbst für robuste Tiere wie Igelfische, Rotfeuerfische, Zackenbarsche und Argusfische. Weitere Techniken, um von einem Beutetier Teile abzutrennen, sind ein Hin- und Herschütteln des im Maul festgehaltenen Opfers und das Drehen des gesamten Korpers um die Längsachse – vergleichbar mit der von Krokodilen bekannten sogenannten „Todesrolle". Solche Verhaltensweisen zeigen vor allem die fischfressenden Arten wie z. B. *Muraena* spp. oder die Südliche Augenfleckmuräne (*Gymnothorax ocellatus*).

Muränen, die sich hauptsächlich von Wirbellosen ernähren (*Echidna*, *Gymnomuraena*), suchen gerne unter kleineren Steinen nach

Kettenmuränen (*Echidna catenata*) verlassen bei der Jagd auf Krabben manchmal das Wasser und sind dabei sogar sehr erfolgreich Fotos: I. Sazima

Futter, was im Aquarium zu Problemen führen kann, wenn die Dekoration schlecht befestigt ist. Neben aktiver Jagd verfolgen manche Muränen aber auch die Strategie, auf Beute zu lauern, die an ihren Unterschlüpfen vorbeikommt. Angriffe aus dem Hinterhalt auf bereits längere Zeit wahrgenommene Beutetiere konnten nachgewiesen werden. Einige Arten gehen sogar so weit, dass sie Krabben bis aufs Land verfolgen, um sie dort ohne Konkurrenz durch andere Fische zu erlegen.

Im Aquarium neigen Muränen weniger zu nächtlichen Jagdausflügen als in der Natur. Das gilt auch für kleine Exemplare in großen Aquarien und kann daher wohl nicht auf Platzmangel zurückgeführt werden. Wahrscheinlich besteht einfach kein großer Bewegungsdrang, wenn die Nahrung regelmäßig mit Stock oder Pinzette gereicht wird.

Muränen unterschiedlicher Arten legen in ihrem Unterschlupf offenbar regelrechte „Vorräte“ an, indem sie frisch gefangene Beute dort wieder hervorwürgen, um diese später zu fressen. Mehrere Autoren berichten von derartigen Beobachtungen, wenngleich diese noch nicht wissenschaftlich belegt worden sind.

Interaktion

Das andauernde Aufreißen des Mauls bei diesem Exemplar von *Gymnothorax dovii* ist eindeutig als Drohung zu verstehen
Foto: T. Goyos

Muränen gelten im Allgemeinen als Einzelgänger, die auch allein jagen. Jüngere Forschungsarbeiten haben allerdings zumindest für die Riesenmuräne (*Gymnothorax javanicus*) eindeutig gezeigt, dass diese beim Beuteerwerb sogar mit großen Zackenbarschen zusammenarbeiten können. Zackenbarsche haben bei der Jagd oft mit dem Problem zu kämpfen, dass es vielen ihrer anvisierten Opfer gelingt, sich in enge Felsspalten zurückziehen, wodurch sie für die gewaltigen Raubfische nicht mehr erreichbar sind. In solchen Fällen soll beobachtet worden sein, wie sie vor dem Unterschlupf einer Muräne versucht haben, diese durch auffällige Kopfbewegungen auf sich aufmerksam zu machen. Manchmal soll dies gelungen sein, sodass die Muräne dem Zackenbarsch folgte und den sich versteckenden Fisch aus der Riffspalte zog – um ihn selbst zu fressen oder dem Zackenbarsch zu überlassen. Solche Schilderungen klingen sagenhaft, sind aber nicht völlig abwegig. Allerdings ist davon auszugehen, dass es sich dabei um eine erlernte Verhaltensweise handelt, die nicht im Genom fixiert ist.

Bei der Pünktchenmuräne (*Gymnothorax griseus*) und der Schwarzfleckenmuräne (*G. moringa*) konnten eine vergleichbare Zusammenarbeit mit anderen Raubfischen und eine dazugehörige Kommunikation durch Kopfbewegung beobachtet werden. Von kleineren Arten, z. B. *Gymnothorax richardsonii*, ist bekannt, dass sogar im „Rudel“ größere Fische erbeutet werden. Die Fähigkeit zur Kooperation bei der Jagd ist ein interessanter Hinweis darauf, dass man die Intelligenz dieser Tiere nicht unterschätzen sollte.

Muränen besitzen durchaus eine gewisse Lernfähigkeit und lassen sich im Aquarium innerhalb gewisser Grenzen sogar auf bestimmte Verhaltensweisen trainieren. Wirklich zahm werden sie jedoch nie.

Feinde

Wellenmuränen sind in gewissem Maß gegen das Gift von Seeschlangen resistent. Vermutlich werden sie als Jungtiere von diesen gejagt. Foto: www.wildlife.de

Zu den natürlichen Feinden von Muränen zählen große Zackenbarsche, Barrakudas, Haie und vor allem größere Muränen. Auch Seeschlangen erbeuten junge Exemplare. Daher haben manche Muränenarten – z. B. die Lebermuräne (*Gymnothorax hepaticus*) und die Wellenmuräne (*G. undulatus*) – eine bemerkenswerte Resistenz gegen das eigentlich hochtoxische Seeschlangengift entwickelt.

Symbiose

Sehr oft findet man in der Natur mittelgroße und große Muränen in der Gesellschaft von Putzertieren wie Putzerfischen (z. B. *Labroides dimidiatus*) und Putzergarnelen (z. B. *Lysmata*, *Periclimenes* und *Stenopus* sowie *Rhynchocinetes*-Arten, die allerdings selten putzen). Diese entfernen Parasiten und Fetzen abgestorbener Haut von der Körperoberfläche und aus dem Maul der Muränen, gehen also eine Symbiose mit dem Raubfisch ein – ein Zusammenleben, das beiden beteiligten Arten nützt. Im Aquarium lässt sich dieses Verhalten leider nicht immer dauerhaft beobachten, denn meist werden Putzerfische früher oder später gefressen, und auch Putzergarnelen überleben oft nicht lange, wenn sie nach der Muräne ins Aquarium gesetzt werden.

Ein ungewöhnlicher Fisch ist die im Handel oft erhältliche Blaustreifen-Seenadel (*Doryrhamphus excisus*), die in der Natur regelmäßig Muränen putzt. Über eine erfolgreiche Vergesellschaftung mit Muränen unter Aquarienbedingungen liegen bisher aber keine Informationen vor. Besonders bei sehr großen Muränen wäre es jedoch durchaus vorstellbar, dass diese kleinen, zierlichen Röhrenmäuler als Beute kaum interessant sind und somit toleriert werden.

Putzsymbiosen

Gymnothorax funebris mit Schwarzer Brotula (*Stygnobrotula latebricola*) Foto: E. Muller

Gymnothorax javanicus mit *Labroides dimidiatus* Foto: www.wildlife.de

Gymnothorax favagineus mit Putzerlippfisch (*Labroides dimidiatus*)

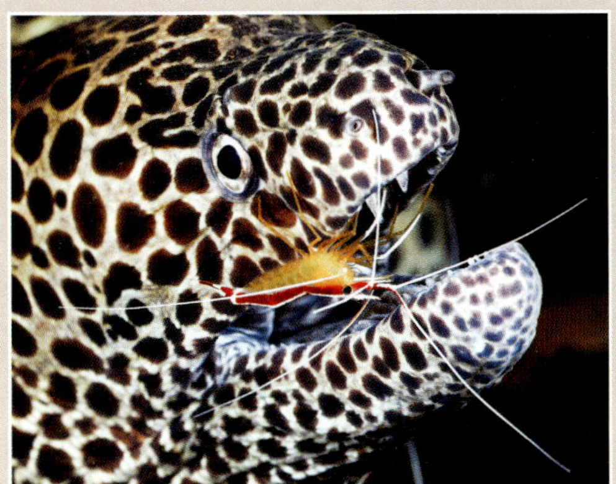

Gymnothorax favagineus mit Weißbandputzergarnele (*Lysmata amboinensis*) Foto: www.wildlife.de

Gymnothorax javanicus mit *Urocaridella antonbruunii* Foto: T. Reamy

Blaustreifen-Seenadeln (*Doryrhamphus excisus*) betätigen sich gegenüber Muränen in der Natur als Putzerfische, und möglicherweise könnte diese Wechselbeziehung auch unter Aquarienbedingungen funktionieren Foto: I. Krause

Putzergrundel (*Elacatinus oceanops*) Foto: I. Krause

Kapitel 3
Pflege im Aquarium

Aquarien zur Pflege von Muränen müssen den Ansprüchen dieser besonderen Tiere genügen – nur mit ausreichend Versteckmöglichkeiten fühlen sie sich wohl

Aquarium und Technik

Die erfolgreiche Pflege von Muränen setzt nicht nur ein passendes Aquarium voraus, sondern auch entsprechende Kenntnisse in theoretischen und praktischen Fragen der Meerwasseraquaristik. Selbst ein Anfänger kann erfolgreich Muränen halten – gründliche Vorbereitung vorausgesetzt. Dies gelingt am besten mithilfe geeigneter Fachliteratur. Eine grundlegende Einführung in die Meerwasseraquaristik würde den Rahmen dieses Buches sprengen, weshalb ich auf einige nützliche Bücher verweisen möchte – für empfehlenswert halte ich z. B. die Titel von Brockmann (2009), Knop (2009) sowie Fosså & Nilsen (2010).

Aquariengröße

Die artgerechte Pflege von Aquarienfischen beruht vor allem auf zwei Faktoren: Zum einen muss den Tieren eine Umgebung geboten werden, die ihrem natürlichen Habitat möglichst ähnlich ist, und zum anderen müssen sie Gelegenheit haben, ihre natürliche Verhaltensweisen zu entfalten.

Die artgerechte Umgebung für Muränen ist ein Aquarium, das ihrer Natur entsprechend mit zahlreichen, abwechslungsreich gestalteten

So besser nicht: zu viele Muränen in einem Aquarium Foto: bdrmeyez

Höhlen, Spalten und anderen Versteckmöglichkeiten ausgestattet ist. Großzügig bemessener Schwimmraum, wie er etwa für die Pflege freischwimmender Korallenfische wie z. B. Doktor- und Kaiserfische unabdingbar ist, spielt für Muränen eine eher untergeordnete Rolle. Sie verlassen ihre Unterschlüpfe in der Natur zumeist nur zur Futtersuche, der sie im Aquarium jedoch nur eingeschränkt nachgehen müssen, weil das Futter ja vom Pfleger gereicht wird.

Obwohl es sich bei den meisten Muränen um im Adultstadium sehr große Tiere handelt, kann die überwiegende Zahl aufgrund der Standorttreue und des geringen Bewegungsdrangs dieser Fische in – gemessen an ihrer Körpergröße – vergleichsweise kleinen Aquarien untergebracht werden. Wie groß ein Becken für eine bestimmte Muränenart tatsächlich sein muss, ist eine nicht ganz einfach zu beantwortende Frage. Was angemessen ist, um ein solches Tier artgerecht unterzubringen, wird oftmals recht emotional diskutiert, und es existieren widersprüchliche Meinungen. Die Antwort auf diese Frage hängt jedoch nicht nur von den Raumansprüchen der Muräne ab, sondern es muss ebenfalls berücksichtigt werden, welches Volumen zur Erhaltung einer optimalen Wasserqualität notwendig ist: Je größer ein Aquarium, desto leichter ist es auch, mithilfe entsprechender Filtertechnik für konstant gute Umweltbedingungen zu sorgen – schließlich verteilen sich die Ausscheidungen einer Muräne bei größerem Wasservolumen zu einer geringeren Schadstoffkonzentration.

In einem größeren Aquarium fällt es darüber hinaus leichter, Muränen mit Korallen, Anemonen und eventuell auch mit Krebstieren und Fischen zu vergesellschaften. Bei der gemeinsamen Pflege mehrerer Muränen spielt die Revierbildung übrigens kaum eine Rolle, und dies hat einen einfachen Grund: Friedlich zusammenlebende Tiere haben kein Problem damit, zwei Höhlen zu bewohnen, die nur durch wenige Zentimeter Gestein voneinander getrennt sind – oder teilen sich sogar gleich denselben Unterschlupf. Exemplare von Arten hingegen, die grundsätzlich untereinander aggressiv sind, werden sich in keinem Aquarium üblicher Größe vertragen und müssen daher ohnehin separat untergebracht werden.

Als Orientierungshilfe zur Wahl der richtigen Aquariengröße soll die nachstehende Tabelle dienen. Sie gibt für unterschiedlich große Muränen (hier ist jeweils die Endgröße zu berücksichtigen) jeweils zwei Empfehlungen:

Erstens eine „Mindestgröße" für ein Aquarium, in dem eine artgerechte Unterbringung hinsichtlich der Raumansprüche möglich ist, sofern alle anderen Parameter, wie z. B. die Wasserqualität, optimal gehalten werden können. Für Aquarien, die lediglich der Mindestgröße entsprechen, ist eine leistungsstarke Filtertechnik von besonderer Wichtigkeit, weil

Größe der Muräne (zu erwartende Maximallänge)	Mindestgröße Aquarium	Empfohlene Aquariumgröße
30 cm	60 l	200 l
60 cm	120 l	400 l
70 cm	180 l	600 l
80 cm	320 l	950 l
90 cm	450 l	1.500 l
100 cm	600 l	2.500 l
120 cm *	800 l	3.000 l
120 cm **	240 l	800 l
150 cm	1.500 l	5.000 l
180 cm	2.500 l	8.000 l
300 cm	> 12.000 l	> 40.000 l

* Muränen mit normalem Körperbau
** (extrem dünne Tiere wie z. B. *Rhinomuraena, Pseudechidna*)

Ein kleines Aquarium mit Weichkorallenbesatz, das für die Pflege von Muränenarten bis 30 cm Maximallänge aber durchaus geeignet ist

Schadstoffe in kleinen Aquarien schneller eine gefährliche Konzentration erreichen als in größeren Becken mit demselben Fischbesatz. Da in ein kleines Aquarium weniger Versteckmöglichkeiten eingebracht werden können als in ein großes, müssen die angebotenen Unterschlüpfe den Bedürfnissen der gepflegten Muräne besonders gut entsprechen.

Zweitens wird eine „empfohlene Aquariengröße" angegeben. Diese erfüllt nicht nur die Mindestanforderungen, sondern erlaubt auch die Vergesellschaftung mit anderen Tieren (z. B. Korallenfischen und Wirbellosen) und erleichtert es dem Pfleger, eine hohe Wasserqualität zu erhalten. Hobbyisten, die Muränen in einem Heimaquarium pflegen möchten, sollten sich an diesen Angaben orientieren.

Bei der Pflege mehrerer Muränen sind die jeweils angegebenen Aquariengrößen konsequenterweise zu addieren. In jedem Fall ist ein größeres Aquarium besser geeignet als ein kleineres. Wer sich unsicher ist, welche Aquariengröße für die Pflege seiner Wunschtiere angemessen ist, der sollte immer das größere Maß wählen.

Mit 400 l Volumen bietet dieses Becken auch manchen mittelgroßen Arten angemessenen Lebensraum

Einrichtung

Am besten stattet man das Aquarium bereits mit vielfältigen und stabilen Versteckmöglichkeiten aus, bevor es mit Wasser befüllt wird und später die Muränen einziehen

Nichts ist für die Pflege von Muränen wichtiger, als vielfältige Versteckmöglichkeiten bereitzustellen. Fehlen solche, leiden die Tiere sehr. Naturnahe Unterschlüpfe können leicht aus totem oder lebendem Riffgestein gebaut werden. Aber auch in den Bodengrund eingelassene Konstruktionen aus Schläuchen oder PVC-Rohren sind bei vielen Spezies sehr beliebt. Werden die aus dem Substrat ragenden Enden dieser Tunnel mit Muschelschalen oder grobem Korallenbruch beklebt, fügen sie sich auch unter ästhetischen Gesichtspunkten gut in das Muränenaquarium ein. Die Rohre können z. B. auch längs zerschnitten und an Sichtscheiben des Aquariums angebracht werden, wodurch die Muräne auch dann beobachtet werden kann, wenn sie sich im Unterschlupf befindet.

Muränen schätzen solche künstlich angelegten Verstecke sehr, und nicht selten ziehen sie diese gewöhnlichen Felsspalten vor. Attraktive Unterschlüpfe steigern nicht nur grundsätzlich das Wohlbefinden der Tiere, sondern senken auch das Risiko von Ausbruchversuchen aus dem Aquarium, die ansonsten leider vielen Muränen zum Verhängnis werden.

Am besten plant und konstruiert man die Muränenverstecke bereits vor der Inbetriebnahme des Aquariums, um spätere Umbaumaßnahmen zu vermeiden, die gleichermaßen für Mensch und Tier eine nervliche Belastung bedeuten. In diesem Sinne ist beim Einbau von Schläuchen oder Rohren auch die zu erwartende Endgröße des Pfleglings zu berücksichtigen – der Durchmesser der Gänge sollte den Körperdurchmesser der erwachsenen Muräne jedoch nicht zu sehr übersteigen, schließlich mögen diese Tiere eine behagliche Enge. Dabei sollten die ausgewählten Rohre natürlich so lang sein, dass sich der Fisch komplett darin verstecken kann. Befinden sich mehrere Muränen in einem Aquarium, sollten pro Tier 2–4 Verstecke eingeplant werden.

Spannende Verhaltensbeobachtungen aus einem ganz neuen Blickwinkel werden möglich, wenn man neben den normalen Verstecken auch Rohrsysteme aus durchsichtigem PVC einbaut.

Als Alternative zu Schläuchen und Rohren hat sich für kleine Exemplare das Eingraben von Glasflaschen bewährt. Diese sollten nur nicht in einem zu flachen Winkel platziert werden, weil sich andernfalls leicht Sedimente und Bodengrund am Flaschenboden ansammeln. Allerdings können solche Flaschenverstecke leicht sauber gehalten werden, indem sie z. B. beim Wasserwechsel mit einem Schlauch ausgesaugt werden – natürlich nur, wenn sich die Muräne gerade nicht darin befindet.

Werden Krebstiere wie z. B. Einsiedlerkrebse im Muränenbecken gepflegt, sollte in künstlichen Höhlen ein „Rettungsseil" aus Kabelbinder oder anderem Kunststoff angebracht werden. Andernfalls haben die Krebse keine Chance, wieder ans Tageslicht zu gelangen, wenn sie einmal in die Muränenhöhle mit den glatten Wänden aus PVC oder Glas geraten sind.

Vor dem Einbau der Verstecke sollten diese mehrere Tage gewässert werden – zum einen, um die Haltbarkeit der Verklebungen zu überprüfen, zum anderen, damit möglicherweise vorhandene Schadstoffe ausgewaschen werden können.

Abgesehen von den essenziell wichtigen Versteckmöglichkeiten scheint es, als wäre Muränen die übrige Einrichtung ihres Aquariums relativ gleichgültig. Wichtig ist vor allem die Stabilität der Steinaufbauten, denn abstürzende Steine können die Tiere schwer verletzen, und leider sind Muränen beim Erkunden ihrer Umgebung nicht immer zaghaft. Zwar verfügen sie über eine dicke Haut und eine schützende Schleimschicht, dennoch sollten Schürfverletzungen von vornherein vermieden werden, indem auf die Verwendung sehr scharfkantiger Steine verzichtet wird. Die Wahl des Bodengrunds kann vor allem nach dem Geschmack des Aquarianers erfolgen, weil seine Beschaffenheit für die meisten Spezies uninteressant ist. Eine Ausnahme bilden hier Nasenmuränen, die in der Natur in Sandzonen leben und auch im Aquarium feine Substrate bevorzugen.

Aus PVC-Rohren und Materialien wie Riffmörtel, kleinen Steinen und Muschelschalen lassen sich ideale Verstecke für Muränen bauen

Geeignete Unterschlüpfe gehören zum wichtigsten Inventar eines Muränenaquariums. Je nach Größe der Tiere bieten sich Schläuche, Rohre, Flaschen oder Amphoren an.

Wasseraufbereitung

Gymnothorax eurostus und *Gymnothorax tile* teilen sich einen Unterschlupf zwischen Kalksteinen

Körpervolumen und Stoffwechsel von Muränen, von denen man oft wochenlang nur den Kopf zu Gesicht bekommt, werden häufig unterschätzt. Durch die angemessene Fütterung großer Fische wird das Aquarienwasser schnell sehr stark belastet, sodass mit entsprechend leistungsstarker Wasseraufbereitung gegengesteuert werden muss.

Abschäumer

Eine sinnvolle Investition für ein Muränenaquarium ist ein leistungsstarker Abschäumer, der für das Doppelte des tatsächlichen Aquarienvolumens ausgelegt sein sollte. Abschäumer vermindern die Wasserbelastung, indem sie durch Ausnutzung der Oberflächenspannung von Salzwasser zur Schaumbildung führen und Proteine frühzeitig aus dem Wasser entfernen. Diese werden somit dem Stickstoffkreislauf entzogen und können nicht mehr von Bakterien in Ammoniak, Nitrit und Nitrat zersetzt werden.

Der Abschäumer muss unbedingt „muränensicher“ gemacht werden, sofern er nicht ohnehin in einem separaten Filterbecken untergebracht ist. Denn vor allem kleinere Tiere zwängen sich sonst, vielleicht auf der Suche nach Nahrung oder einer Versteckmöglichkeit, früher oder später durch winzige Öffnungen ins Innere eines Abschäumers hinein und ziehen sich dadurch schwere Verletzungen zu.

Für Muränenaquarien, die ohne Filterbecken betrieben werden, empfiehlt sich eine Oberflächenabsaugung für den Abschäumer, um der Entstehung einer Kahmhaut vorzubeugen. Eine solche Schicht auf der Wasseroberfläche vermindert den Gasaustausch zwischen Wasser und Luft drastisch, wodurch bei üppiger Fütterung schnell ein folgenreicher Sauerstoffmangel entstehen kann.

Algenrefugium

Eine gute Ergänzung zum Abschäumer ist der Einsatz eines beleuchteten sogenannten Refugiums, in dem schnell wachsende Makroalgen wie *Caulerpa*-Arten oder Drahtalgen (*Chaetomorpha*) kultiviert werden. Sie sind gut dazu geeignet, Nitrat und Phosphat aus dem Wasser zu exportieren. Dazu müssen die Algen allerdings regelmäßig abgeerntet werden, damit die Nährstoffe tatsächlich aus dem System entfernt werden und nicht wieder in Lösung gehen können. Bei *Caulerpa*-Algen kommt noch hinzu, dass diese bei dichter werdendem Wuchs eine geschlechtliche Vermehrung versuchen. Diese gelingt im Aquarium in der Regel zwar nicht, aber es kommt dadurch zum Zusammenbruch und der Auflösung des gesamten Algenbestandes. Dieser Vorgang kann wiederum zu Sauerstoffmangel führen, der für die Muränen eine ernst zu nehmende Gefahr darstellt. Mit *Chaetomorpha*-Algen vermeidet man dieses Risiko.

In einem Algenrefugium ist auch der Einsatz eines Sandbettfilters (engl.: Deep Sand Bed, DSB) möglich. In einem Sandsubstrat von 10–14 cm Höhe bilden sich sauerstofffreie Zonen, in denen Nitrat zu ungiftigem, gasförmigem Stickstoff reduziert wird. Solche Sandböden können natürlich auch im Hauptaquarium genutzt werden, vermindern dann aber die tatsächlich vorhandene Wassermenge und sind optisch nicht jedermanns Sache.

Tiefe Sandschichten bauen biologisch Nitrat ab und können sowohl in Refugien als auch in das Hauptaquarium eingebracht werden

Lebendgestein

Wie in einem tiefen Sandboden bilden sich auch in stark porösem Lebendgestein sauerstofffreie Zonen, in denen Nitrat abgebaut wird. Lebendgestein wird bei Baumaßnahmen aus der Umgebung von Riffen gewonnen. Es besteht meist aus abgestorbenen Skeletten von Steinkorallen, die von zahlreichen wirbellosen Tieren, Bakterien und Algen bewohnt werden. Es muss feucht und temperiert transportiert werden. Mit etwa einem Kilogramm Lebendgestein pro 10 Liter Wasservolumen erreicht man bereits eine merkliche Filterleistung.

Auch totes Riffgestein oder weniger poröses Lochgestein werden mit der Zeit von Bakterien, Algen und Wirbellosen bevölkert. Sie erreichen jedoch nicht den Wirkungsgrad von Lebendgestein. Außerdem werden durch totes Gestein keine nützlichen Mikroorganismen ins Aquarium eingebracht.

Teilwasserwechsel

Der Austausch von 5–20 % des Aquarienwassers pro Woche hilft ebenfalls dabei, die Wasserqualität in stark belasteten Muränenaquarien zu verbessern. Außerdem können auf diese Weise Spurenelemente und weitere Elemente wie Kalzium und Magnesium nachdosiert werden, die verbraucht oder von der Filtertechnik entfernt wurden.

Vor allem in Kombination stellen Abschäumer, Algenrefugium, Lebendgestein und Teilwasserwechsel höchst effektive Hilfsmittel dar, um trotz üppiger Raubtierfütterung für optimale Wasserbedingungen zu sorgen. Im Gegensatz zu manchen anderen Filtersystemen, wie z. B. Schwefelfiltern, gehen von diesen naturnahen Filtermethoden kaum Gefahren aus.

Sauerstoff

Die Pflege großer Fische in relativ kleinen Aquarien erfordert einen stetig hohen Sauerstoffeintrag. Dieser wird am einfachsten durch den Dauerbetrieb eines kräftigen Abschäumers sowie durch starke Bewegung der Wasseroberfläche gewährleistet.

Alle Muränen sind sehr sauerstoffbedürftig – besonders dann, wenn sie Nahrung zu verdauen haben

Riesenmuränen (*Gymnothorax javanicus*)
Foto: D. Knop

Beleuchtung

Da Muränen hauptsächlich dämmerungs- und nachtaktive Tiere sind, stellen sie keine besonderen Ansprüche an die Aquarienbeleuchtung – schließlich verbringen sie ohnehin die meiste Zeit in ihrem Unterschlupf. Die Beleuchtung kann also getrost den ebenfalls im Muränenaquarium lebenden Nesseltieren und Algen angepasst werden. Falls überhaupt keine lichtbedürftigen Tiere gepflegt werden sollen, können einfache T8-Leuchtstoffröhren eingesetzt werden, die zweckmäßig und günstig sind. Wirklich lohnend ist allerdings die Installation eines Mondlichts, das dabei hilft, die Muränen bei ihren nächtlichen Ausflügen zu beobachten.

Ein älteres Muränenaquarium mit T8-Beleuchtung, unter der die wenig anspruchsvollen Lederkorallen aber gut gedeihen

Abdeckung

Einige Muränen, z. B. die Kettenmuräne (*Echidna catenata*) und die Pfeffermuräne (*Gymnothorax pictus*), verlassen zur Jagd auf amphibisch lebende Krabben das Wasser für bis zu 30 Minuten. Bei der Haltung im Aquarium führt eine solche Neigung, den eigentlichen Lebensraum kurzzeitig zu verlassen, natürlich zu Problemen, schließlich findet eine Muräne allenfalls den Weg aus dem Aquarium, nicht aber wieder hinein. Neben natürlichen Verhaltensgewohnheiten können aber auch Faktoren wie schlechte Wasserqualität oder ein Mangel an geeigneten Verstecken solche gefährlichen Fluchtversuche provozieren. Daher ist eine dicht schließende Abdeckung für ein Muränenaquarium obligatorisch, denn Muränen sind wahre Ausbruchskünstler, die jede sich bietende Gelegenheit nutzen – auch noch so kleine Schlupflöcher wie z. B. Futterklappen sowie Ein- und Auslässe von Filtern. Sie lassen sich beispielsweise mit Fliegengaze oder ähnlichem Material sichern.

Eine hermetisch dichte Aquarienabdeckung kann aber auch zu Problem führen, schließlich werden Meerwasseraquarien mit starker Beleuchtung oft komplett offen betrieben, um einen Hitzestau zu vermeiden. Ist eine klassische Abdeckung aus diesem Grund keine Option, kann beispielsweise auch ein stabiler Rahmen als Abdeckung benutzt werden, der mit Fliegengaze oder einem ähnlich luftdurchlässigen Material bespannt ist. Gut geeignet sind außerdem Lichtrasterplatten aus dem Baumarkt.

Sollte es doch einmal dazu kommen, dass einer Muräne der Ausbruch gelingt und sie leblos auf dem Trockenen liegt, sollte nicht vorschnell die Hoffnung aufgegeben werden. Selbst Tiere, die bereits tot erscheinen, erholen sich in manchen Fällen vollständig, wenn sie umgehend in einen Behälter mit belüftetem Aquarienwasser gesetzt werden. Schließlich begeben sich auch in der Natur manche Arten vorübergehend an Land, etwa um einen benachbarten Gezeitentümpel zu erreichen.

Metalle

Muränen sind sehr empfindlich gegenüber Schwermetallen, vor allem Kupfer. Der Einsatz von Metallteilen im Muränenaquarium ist daher tabu. Auch zur Fütterung sollten nur rostfreie Pinzetten oder anderes nicht rostendes Besteck benutzt werden. Warmwasserrohre aus Kupfer stellen ebenfalls eine Gefahr dar, wenn Leitungswasser zur Herstellung des Meerwassers verwendet wird. Empfehlenswert sind daher die Verwendung von kaltem Wasser oder noch besser der Einsatz einer Osmoseanlage zur Aufbereitung des Leitungswassers.

Temperatur

Die Temperatur im Muränenaquarium sollte sich nach der geografischen Herkunft der gepflegten Arten richten. Zu niedrige Werte können bei tropischen Muränen den Stoffwechsel und damit auch das Wachstum verlangsamen sowie zu schwerwiegenden Störungen der Verdauung führen. Prinzipiell sind 23–26 °C für tropische Arten optimal. Demgegenüber bevorzugen einige Muränen wie z. B. die aus dem Mittelmeer stammende *Muraena helena* oder Spezies von der nordamerikanischen Westküste sowie aus den subtropischen Gefilden Australiens und Japans Temperaturen von 18–20 °C.

Eine im subtropischen Klima heimische Art ist die Mittelmeermuräne (*Muraena helena*) Foto: www.wildlife.de

Kapitel 4
Umgang mit Muränen

Muraena pavonina (oben) und *Gymnothorax ocellatus* (unten)

Kauf und Eingewöhnung

Die Gewöhnung an das Wasser im neuen Zuhause kann entweder in einem Eimer oder durch einfaches Einhängen des Transportbeutels ins Aquarium erfolgen – in beiden Fällen wird Aquarienwasser langsam hinzugefügt

Leider werden Muränen aufgrund ihrer versteckten Lebensweise nicht immer mit schonenden Methoden gefangen, und immer noch ist der Einsatz von hochgiftigem Cyanid in einigen Ländern gang und gäbe. Es ist zu vermuten, dass viele plötzliche Todesfälle, die in den Monaten nach dem Import auftreten, auf Schäden durch Cyanideinsatz zurückzuführen sind. Neben Aspekten des Umwelt- und Tierschutzes sollte also auch im eigenen Interesse darauf geachtet werden, nur Fische zu kaufen, die mit nachhaltigen Methoden gefangen werden – leider sind entsprechend zertifizierte Tiere noch viel zu selten erhältlich.

Beim Kauf von Muränen im Zoofachhandel können viele Erkrankungen oder Verletzungen bereits durch sorgfältige Beobachtung erkannt werden. Vor allem auffällige Flecken auf Augen und Haut geben z. B. Aufschluss über mechanische Verletzungen oder aber bakterielle Infektionen. Vom Kauf offensichtlich kranker Muränen sollte abgesehen werden, und bereits Lethargie oder ein schlechter Ernährungszustand geben durchaus Anlass zur Vorsicht. Abgemagerte Tiere wurden oft nicht richtig an Ersatzfutter gewöhnt, und daher ist es unerlässlich, sich die Nahrungsaufnahme vor dem Kauf demonstrieren zu lassen. Vor allem die als „Süßwassermuränen“ verkauften Spezies wie z. B. *Gymnothorax tile* sind oftmals in schlechtem Gesamtzustand, wenn sie im Zoofachhandel tatsächlich in Süßwasser gehalten werden. Den Stress des erneuten Transports und der Umgewöhnung überstehen stark geschwächte

Exemplare oft nicht mehr. Gesunde Tiere hingegen verkraften den Umzug vom Händler ins heimische Aquarium problemlos. Nur selten kommt es zu Ausfällen, die dann meistens auf eine starke Belastung des Transportwassers zurückzuführen sind.

Aus dem Transportbeutel überführt man die neu erworbene Muräne je nach Größe am besten in einen Eimer mit Deckel bzw. ein geräumigeres Behältnis und gewöhnt sie – wie bei allen Meeresfischen üblich – durch langsame Zugabe von Aquarienwasser an die gegebenen Wasserparameter. Leben bereits andere Fische im zukünftigen Muränenaquarium, ist die vorübergehende Unterbringung des Neuzugangs in einem separaten Quarantäneaquarium erwägenswert. Somit kann verhindert werden, dass mögliche Erkrankungen und Parasiten auf den Fischbestand übertragen werden, wenngleich Muränen eher nicht zu solchen Problemen neigen. Eine wirkungsvolle Quarantäne zur Krankheitsprävention sollte mindestens vier Wochen dauern. Zeigt die Muräne in dieser Zeit keine Symptome, ist sie mit großer Wahrscheinlichkeit gesund und frei von Parasiten.

Von der gängigen Praxis, Fische in Quarantäne vorbeugend mit Medikamenten zu behandeln, sollte abgesehen werden – denn auf diese Weise entstehen die gefürchteten resistenten Erreger, denen dann kein Medikament mehr etwas anhaben kann.

Was die Bekämpfung möglicher Ektoparasiten betrifft, so ist ein halbstündiges Süßwasserbad eine gute Alternative zur aufwendigen, langwierigen Quarantäne. Solche Süßwasserbäder werden von vielen Experten in der Pflege von Meerwasserfischen empfohlen. Muränen ertragen diese meist ohne größere Probleme, wohingegen Außenparasiten vom schnellen Wechsel des osmotischen Drucks in der Regel abgetötet werden. Sowohl ein Süßwasserbad als auch die Quarantäne stellen jedoch eine immense Stressbelastung dar, weshalb zumindest dann auf diese Maßnahmen verzichtet werden sollte, wenn die neu gekauften Tiere auf den ersten Blick einen guten Eindruck machen und aus einer Aquarienanlage stammen, in der zum Zeitpunkt des Kaufs keine Erkrankungen vorkamen.

Ein Quarantänebecken sollte weder Bodengrund noch Lebendgestein enthalten, muss aber dennoch lange genug mit einem internen oder externen Filter „eingefahren" worden sein. Die Einrichtung sollte lediglich aus einem gut zu säubernden Unterschlupf für die Muräne bestehen. Eventuelle Parasiten in Form von Cysten oder freien Stadien müssen mindestens wöchentlich durch großzügige Wasserwechsel reduziert werden.

Gar nicht so selten kommt übrigens der „versehentliche" Erwerb einer Muräne zusammen mit Lebendgestein vor. Obwohl dieses zumeist nur feucht und ohne Wasser transportiert wird und dann oftmals in noch nicht eingefahrene Aquarien eingebracht wird, überleben viele Tiere, die sich im Gestein verstecken, diese Tortur. Kommt man auf diesem Weg zu einer Muräne, sollte die Art so bald wie möglich bestimmt werden, um entscheiden zu können, wie mit dem blinden Passagier weiter verfahren werden soll. In den allermeisten Fällen muss sofort eine neue Unterkunft gesucht werden, schließlich verträgt sich eine Muräne nicht mit den üblicherweise in Meerwasseraquarien gepflegten, zumeist kleineren Fischen.

Juvenile Sternchenmuränen (*Echidna nebulosa*) im Zoohandel Foto: D. Knop

Kapitel 5

Vergesellschaftung

Netzmuräne (*G. favagineus*) und Pfeffermuräne (*G. pictus*) teilen sich einen Unterschlupf

Vergesellschaftung

Vergesellschaftungsbeispiele aus der Natur lassen sich im Aquarium nicht immer erfolgreich nachahmen
Fotos: J. Nielsen und J. Oberguggenberger

Muränen sind Raubfische, und dies macht es äußerst schwierig, für sie im Aquarium geeignete Mitbewohner zu finden. Zwar sind viele Arten auf Krebstiere als Nahrung spezialisiert, doch hält sie das bei sich bietender Gelegenheit auch nicht vom Verzehr kleinerer Fische ab.

Wenn in diesem Buch eine Spezies als friedlich beschrieben wird, dann muss dies immer in Relation zu anderen Arten verstanden werden, die möglicherweise wesentlich aggressiver sind. Ein gewisser Hang zum Fressen von Mitbewohnern liegt in der Natur einer jeden Muräne, und deshalb ist es nicht einfach, geeigneten Beibesatz auszuwählen.

Fische

In der Natur gilt: Je größer die Muräne, desto größere Beute kann sie machen Fotos: B. Nies

In seltenen Fällen führen Muränen eine aus menschlicher Perspektive freundschaftlich wirkende Beziehung zu kleineren Fischen wie Demoisellen oder Putzerfischen, die auf den ersten Blick ihrer Natur als Raubfisch zu widersprechen scheint. Michael (2001) beispielsweise berichtet von einer Großen Netzmuräne (*Gymnothorax favagineus*), die mit einem Igelfisch (*Diodon holocanthus*) friedlich zusammenlebte und die Schlafstätte teilte. Solche Fälle sind jedoch nicht zu verallgemeinern und hängen offensichtlich vom individuellen Charakter der Muräne ab. Bei den kleineren „Partnern" der Muräne ist zu vermuten, dass sie instinktiv ihre Nähe suchen, wenn der Räuber satt gefressen ist, sodass von ihm nur ein Schutz gegen andere Fressfeinde ausgeht, jedoch keine tatsächliche Gefahr für das eigene Leben.

Die Vergesellschaftung von Muränen mit anderen Fischen ist unter Aquarienbedingungen in vieler Hinsicht schwierig, denn ein sicherer Erfolg ist in keinem Fall vorherzusagen. Zum einen müssen andere Fische groß genug sein, um nicht Opfer der Muräne zu werden, zum anderen aber so friedlich, dass sie für die Muräne selbst kein Risiko darstellen. Aus diesem Grund scheiden viele größere Zackenbarsche, Drückerfische und Rotfeuerfische für eine Vergesellschaftung aus. Vor allem Letztgenannte können Muränen mit ihren Giftstacheln schwer verletzten, jedoch auch selbst zur Beute werden. In der Natur gehen sich diese Tiere aus dem Weg, und daher ist es nicht sinnvoll, Konflikte in den beengten Verhältnissen eines Aquariums zu provozieren.

Auch Kugel- und Igelfische sind allenfalls mit Einschränkungen für die gemeinsame Pflege mit Muränen geeignet. Große, fischfressende Arten versuchen bisweilen, die Kugelfische zu verschlingen. Wenn diese sich dabei aufpusten, kann die Situation für beide Tiere tödlich enden. Andersherum finden manche Kugel-, Igel-, und Drückerfische Gefallen daran, sogar fried-

Die Vergesellschaftung von Muränen mit Zackenbarschen (hier: *Variola louti*) kann funktionieren, wenn die Größenverhältnisse stimmen

Rotfeuerfische (hier: *Pterois volitans*) vermögen Muränen mit ihren giftigen Flossenstrahlen zu verletzen und sind daher keine sonderlich gute Gesellschaft Foto: I. Krause

liche Muränen permanent in den Flossensaum zu beißen.

Eine Bedrohung für Muränen sind aber nicht nur aggressive Mitbewohner. Auch friedliche, jedoch sehr hektische Fische (z. B. große Doktorfische) können vor allem kleinere Muränen einschüchtern oder ihnen stets das Futter vor der Nase wegschnappen.

Für die Vergesellschaftung von Muränen mit anderen Fischen ist nicht nur relevant, um welche Arten es sich handelt, sondern auch, in welcher Reihenfolge diese ins Aquarium eingebracht werden. Gute Erfolge lassen sich erzielen, indem stets zunächst die friedlichen Tiere eingesetzt werden und die aggressiveren Arten erst dann folgen, wenn die Schwächeren Reviere besetzen konnten.

Werden hingegen kleine Fische ins Aquarium einer alteingesessenen Muräne gesetzt – womöglich noch zur Fütterungszeit – kann dies als Futtergabe aufgefasst werden. Eine oftmals gut funktionierende Ausnahme bildet die Vergesellschaftung sehr großer Muränen mit sehr kleinen Fischen und Krebstieren. Diese werden oft nicht als lohnende Beute ernst genommen und können daher mit dem Raubtier zusammenleben.

Große Drückerfische (hier: *Balistoides conspicillum*) neigen dazu, Muränen in den Flossensaum zu beißen
Foto: I. Krause

Andere Muränen

Wenig aggressive Muränen gleicher Größe eignen sich gut zur gemeinsamen Pflege im Aquarium und kommen auch in der Natur oft zu mehreren vor – hier *Gymnothorax prasinus* und *G. thyrsoideus* Foto: R. Ling

Als beste Gesellschaft für Muränen können – mit Einschränkungen – andere Muränen ähnlicher Größe gelten. Dies ist vor allem dann eine gute Möglichkeit, wenn Jungtiere vergesellschaftet werden, die eine ähnliche Endgröße erreichen. Bestehen Größenunterschiede, dann sollte das größte Tier zuletzt ins Aquarium eingebracht werden. Nur in wenigen Fällen kommt es auch unter Muränen gleicher Größe zu ernsthaften Auseinandersetzungen, und tödliche Zwischenfälle passieren fast ausschließlich bei einer Vergesellschaftung von Tieren unterschiedlicher Größe. Absolute Sicherheit gibt es aber selbstverständlich nur bei Einzelhaltung. Beim Einsetzen einer neuen Muräne in ein bereits von einer Muräne bewohntes Aquarium kann es hilfreich sein, zuvor einige Umgestaltungen der Dekoration vorzunehmen, um auch dem vorhandenen Tier den Eindruck zu vermitteln, sich in ungewohnter Umgebung, also einem fremden Revier zu befinden.

In der Natur leben die meisten Muränen einzeln, aber manchmal teilen sich selbst große Exemplare eine Höhle. Bisweilen können z. B. Riesenmuränen und Netzmuränen in einem gemeinsamen Unterschlupf beobachtet werden. Auch Weißaugenmuränen (*Gymnothrax thyrsoideus*), Gelbkopfmuränen (*G. fimbriatus*) sowie einige andere Spezies bilden nachweislich manchmal „Wohngemeinschaften“. Im Aquarium teilen mehrere Muränen die vorhandenen Höhlen in der Regel untereinander auf. Die abgesteckten Reviere werden dann gegenseitig akzeptiert, und wenn ein Tier dem anderen zu nahe kommt, droht dieses üblicherweise mit weit aufgerissenem Maul aus seinem Versteck heraus. Diese Sprache wird artenübergreifend verstanden, und daher kommt es nur selten zu langfristigen Unverträglichkeiten. Sollten doch einmal dauerhafte Konflikte auftreten, kann es helfen, die aggressivere Muräne für einige Wochen in einem anderen Aquarium unterzubringen, sodass das schwächere Tier Gelegenheit hat, an Gewicht zuzulegen und ein Revier zu besetzen. Hat auch dies keinen Erfolg, führt kein Weg daran vorbei, die Tiere grundsätzlich zu trennen.

Manche Spezies, z. B. die Nasenmuräne und die Weißaugenmuräne, teilen demgegenüber ständig ihren Unterschlupf mit Artgenossen und grenzen keinerlei Reviere ab. Als Faustregel kann festgestellt werden, dass krebsfressende Arten (z. B. *Echidna* spp.) tendenziell besser mit anderen Arten zu vergesellschaften sind als ausgesprochene Fischfresser wie *Muraena* spp. oder viele *Gymnothorax*-Arten.

Echidna nebulosa und *Gymnothorax griseus*

Krebstiere

Netzmuräne mit Putzergarnelen (*Lysmata amboinensis*)

Kleine, wehrlose Krebstiere wie dieser Porzellankrebs (*Neopetrolisthes oshimai*) sind für die allermeisten Muränen ein gefundenes Fressen

Krebstiere wie Krabben, Knallkrebse, Porzellankrebse, Langusten, Fangschreckenkrebse, Riffhummer und Garnelen werden von den meisten Muränen gerne verspeist, wenngleich es wenige Ausnahmen gibt. Wie vehement Krebstiere gejagt werden, hängt auch von den artspezifischen sowie individuellen Vorlieben einer Muräne ab.

Einsiedlerkrebse, die als Algenfresser sehr nützliche Pfleglinge sind, vermögen auch in Muränenaquarien ein verhältnismäßig sicheres Leben zu führen. Die von ihnen bewohnten, recht dickwandigen Schneckenhäuser können von kleineren Muränen kaum zerbissen werden, und auch Tiere, die hierzu imstande wären, gehen meist den Weg des geringsten Widerstandes und fressen lieber mundgerechte Nahrung. Während der Häutung, wenn das schützende Haus für kurze Zeit verlassen wird, werden aber auch Einsiedlerkrebse zuweilen Beute aufmerksamer Muränen.

Auch Scherengarnelen (hier: *Stenopus hispidus*) betätigen sich gegenüber Muränen als Putzertiere

Putzergarnelen, die Muränen in der Natur von Parasiten oder Nahrungsresten befreien und dabei auch im Maul der Raubtiere zu Werke gehen, sind im Aquarium leider nicht immer vor ihnen sicher. Die besten Chancen auf eine gemeinsame Pflege hat man dann, wenn die Putzergarnelen bereits im Aquarium leben, wenn die Muräne hinzukommt. Ein späteres Einsetzen der Garnelen wird von den Gewohnheitstieren häufig schlicht und einfach mit einer Fütterung verwechselt, sodass die Putzertiere verschlungen werden, bevor sie als solche erkannt werden können.

Drei junge Muränen, die einen umgekippten Einsiedlerkrebs als potenzielle Beute neugierig beäugen

Andere Tiere

Seesterne fallen kaum in das Beuteschema von Muränen und können daher gemeinsam mit ihnen gepflegt werde

Muränen lassen sich problemlos gemeinsam mit einer Vielzahl sessiler Wirbelloser pflegen.

Dazu gehören Weichkorallen, aber auch die weniger anspruchsvollen unter den Steinkorallen. Grundsätzlich eignen sich fast alle Korallen, die in gewöhnlichen Riffaquarien gut gedeihen, auch für die Pflege im Muränenaquarium, sofern für gute Wasseraufbereitung gesorgt ist. Dabei muss jedoch bedacht werden, dass Muränen durch ihre Ausscheidungen selbst in stark gefilterten Aquarien temporär für eine erhöhte Wasserbelastung sorgen – vor allem kleinpolypige Steinkorallen vertragen dies oftmals nicht. Ähnlich verhält es sich mit Seeanemonen. Diese leiden jedoch nicht nur unter der Wasserbelastung, sondern besitzen ihrerseits auch das Potenzial, insbesondere kleine Muränen durch ihr Nesselgift zu verletzen. Andere Muränen haben hingegen die Angewohnheit, Anemonen stets deren Futter zu stehlen, wobei sie ihnen wiederum Schaden zufügen können.

Seesterne, Seegurken und Seeigel werden von Muränen in der Regel nicht als Futter angesehen. Einzig die Zebramuräne (*Gymnomuraena zebra*) soll in Bezug auf Seeigel eine Ausnahme darstellen. Ebenso wenig fressen Muränen Röhrenwürmer, und in den meisten Fällen sind auch Schnecken und Muscheln sicher. Hier sind es erneut Zebramuränen, die sich am ehesten an diesen Weichtieren vergreifen.

Dieses Exemplar von *Muraena pavonina* frisst zwar keine Schnecken, sammelt sie aber im Aquarium aus unbekannten Gründen und spuckt sie an die Frontscheibe. Korallen und andere sessile Wirbellose sind vor Muränen in der Regel sicher.

Kapitel 6

Krankheiten

Gymnothorax ocellatus

Krankheiten

Bei der Behandlung von Verletzungen und Krankheiten sollte nur im äußersten Notfall zu Medikamenten gegriffen werden, die Kupfer oder Farbstoffe enthalten

Muränen werden selten krank, sofern die Umweltbedingungen gut sind. Die meisten Krankheiten werden erst durch Faktoren wie Stress, unzureichende Ernährung und die daraus resultierende Schwächung des Immunsystems ausgelöst. Die beste Krankheitsprävention sind also hohe Wasserqualität sowie eine vielfältige, vitaminreiche Ernährung.

Zeigen sich bei einer Muräne erste Anzeichen von Unwohlsein, sollten zuallererst die Wasserwerte kontrolliert werden – möglicherweise liegt hier bereits die Ursache. Nitrit und Ammoniak sollten im Aquarienwasser nie nachweisbar sein, und der Nitratgehalt sollte unter 25 ppm liegen. Der pH-Wert sollte zwischen 8,0 und 8,3 liegen, die spezifische Dichte bei 1.021–1.025. Regelmäßige Teilwasserwechsel sorgen dafür, dass auch die Versorgung mit Spurenelementen gewährleistet ist.

Kommt es trotz aller Präventivmaßnahmen zum Ausbruch einer Krankheit, kann eine medikamentöse Behandlung notwendig sein. Diese sollte jedoch immer nur als letzter Ausweg gewählt werden und ausschließlich in Abstimmung mit einem fischkundigen Veterinär. Denn viele Medikamente, vor allem solche, die Kupfer oder Farbstoffe (Methylenblau, Malachitgrün) enthalten, schaden nicht nur den Krankheitserregern, sondern auch dem behandelten Fisch. Eine Dosierung sollte immer streng nach Vorgabe des Tierarztes bzw. nach Packungsbeilage erfolgen, weil Überdosierungen, vor allem im Fall von Kupferpräparaten, schnell tödlich wirken.

Weißpünktchen-Krankheit

Die mit Abstand häufigsten Krankheiten im Meerwasseraquarium sind Infektionen mit *Cryptocaryon irritans* (auch „Meerwasser-Ichthyo" oder „Weißpünktchen-Krankheit" genannt) und *Amyloodinium*. Beide werden von winzigen, parasitär lebenden Einzellern verursacht und äußern sich in Form kleiner, weißer Punkte auf Flossen und Haut. Diese Punkte haben bei *Cryptocarion irritans* etwa die Größe von Salzkörnern, wohingegen sie bei *Amyloodinium* wesentlich kleiner und zahlreicher auftreten, manchmal aber auch ganz fehlen. Weitere Symptome sind bei beiden Krankheiten Augentrübungen, fetzenförmige Ablösung des Schleimmantels und vor allem erhöhte Atemfrequenz bei Befall der Kiemen.

Problematisch ist insbesondere, dass sich die Parasiten nach dem Befall der Fische in einem späteren Stadium von ihrem Wirt lösen, am Bodengrund einkapseln und dort vermehren. Zu diesem Zeitpunkt sind sie durch eine medikamentöse Behandlung der Fische, die unter Quarantäne erfolgen muss, nicht zu erreichen. Zudem können die Parasiten in dieser Phase sehr leicht in andere Aquarien verschleppt werden, wenn zur Pflege dieselben Utensilien verwendet werden. Deshalb ist im Krankheitsfall penible Hygiene unabdingbar, um nicht den gesamten Fischbestand zu gefährden.

Nach der Vermehrungsphase im Bodengrund wandeln sich die Parasiten wieder in bewegliche Stadien und suchen sich einen neuen Wirt – jetzt können Medikamente ihnen etwas anhaben.

Auch wenn Muränen selbst praktisch kaum von *Cryptocaryon irritans* und *Amyloodinium* befallen werden, sind sie oftmals Überträger der Parasiten. Bricht in einem Muränenaquarium mit gemischtem Fischbesatz eine der beiden Krankheiten aus, sollten daher auch die Muränen gemeinsam mit den befallenen Fischen in ein Quarantäneaquarium überführt und dort für mindestens vier Wochen behandelt werden, damit der Vermehrungszyklus der Parasiten im Hauptaquarium mangels Wirt unterbrochen wird. Ob das Ausmaß der Erkrankung diese Maßnahme wirklich erforderlich macht, liegt im Ermessen des Pflegers. Schließlich bedeutet die Überführung in ein Quarantäneaquarium mit wenigen Versteckmöglichkeiten für die Muräne immensen Stress.

Handelsübliche Medikamente gegen diese Parasiten enthalten zumeist Kupfer, Formalin oder organische Farbstoffe. Bei der Behandlung von Muränen sollten sie gemieden werden und nur im größten Notfall zum Einsatz kommen, denn sie werden schlecht vertragen. Ohnehin sollten Kupfer, Formalin und farbstoffhaltige Medikamente ausschließlich in Quarantänebecken zum Einsatz kommen, da sie die meisten Wirbellosen und viele Bakterien abtöten und damit die Mikrobiologie im Meerwasseraquarium völlig durcheinanderbringen.

Eine sanftere Behandlungsmethode ist die Absenkung der spezifischen Dichte im Quarantäneaquarium auf 1.010 für einen Zeitraum von vier Wochen – ohne Zugabe von Medikamenten. Leider ist diese Vorgehensweise bei allen Vorteilen nicht so effektiv wie die medikamentöse Behandlung.

Copepoden und andere Ektoparasiten

Unter den Copepoden und verwandten Tiergruppen gibt es einige parasitäre Spezies, die sich an die Haut oder die Kiemen von Fischen anheften. Sie erscheinen unter der Fischhaut wie dicke Punkte mit zwei Schwänzen, bei denen es sich um Eipakete weiblicher Tiere handelt.

Grundsätzlich treten solche externen Parasiten bei Muränen aber sehr selten auf, allenfalls kurz nach dem Import, wobei in den Kiemen befindliche Parasiten dieser Tiergruppe am lebenden Fisch auch kaum zu diagnostizieren sind. Abgesehen von den für Muränen gefährlichen Medikamenten, die Formalin oder Kupfer

Parasitäre Copepoden an der Schnauze einer Wellenmuräne (*Gymnothorax undulatus*) Foto: B. Mayes

enthalten, bieten Süßwasserbäder (jeweils mindestens für eine halbe Stunde) eine große Chance auf Erfolg, wenn sie für 1–2 Wochen alle drei Tage wiederholt werden. Bei Süßwasserbädern ist unbedingt ein pH-Wert von ca. 8,0–8,2 einzuhalten.

Nematoden und andere Endoparasiten

Infektionen mit Würmern und anderen Endoparasiten treten zum einen im Verdauungstrakt und zum anderen auch unter der Haut auf. Der erstgenannte Fall ist äußerlich nicht zu erkennen und wird daher selten diagnostiziert. In der Regel bestehen auch keine starken Beschwerden, und nur selten führt eine Massenvermehrung von Nematoden im Körperinneren zum Tod einer Muräne. Festzustellen ist eine solche Infektion bei Verdacht nur mittels Kotuntersuchungen durch einen Veterinär. Infektionen mit unter der Haut lebenden Nematoden hinterlassen helle Schlangenlinien auf der Haut und schädigen wahrscheinlich die sie umgebende Schleimschicht. Zur Behandlung geeignet sind handelsübliche Entwurmungspräparate, die zum Schutz der marinen Mikrofauna jedoch nicht im Hauptaquarium zum Einsatz kommen dürfen.

Farbverlust

Bei vielen Arten sind Farbveränderungen Teil des natürlichen Alterungsprozesses, jedoch können sie auch auf ungünstige Umweltbedingungen und Unwohlsein eines Tieres hinweisen – vor allem dann, wenn sie mit Verhaltensabweichungen einhergehen. Ursächlich für Farbveränderungen sind oftmals Beeinträchtigungen des Schleimmantels der Muräne, was sie weißlich und blass erscheinen lässt. Hohe Wasserqualität, vitaminreiche und abwechslungsreiche Ernährung sowie eine stressfreie Umgebung sind auch hier die wichtigsten vorbeugenden Faktoren.

Gymnothorax richardsonii und *G. tile* in heller Nachtfärbung. Diese ist nicht krankheitsbedingt und kann bei Einschalten der Beleuchtung binnen weniger Minuten gegen die Tagfärbung getauscht werden.

Die helle Nachtfärbung von *Echidna nebulosa* ist eine Anpassung an die nächtliche Jagd

Eine plötzliche, radikale Änderung der Farbe kann auf einen vollständigen Verlust der schützenden Schleimschicht hinweisen. Ausgewachsene Grüne Muränen beispielsweise haben von Natur aus eine bläuliche Haut, und erst durch den gelblichen Schleimmantel kommt ihre grüne Farbe zustande. Solche Totalverluste der Schleimschicht können auf Verletzungen oder auch auf einen schweren Befall mit Pünktchen-Parasiten zurückzuführen sein. Nicht zu verwechseln ist dieses Krankheitssymptom mit der blassen Nachtfärbung, die viele Muränenarten bei Dunkelheit annehmen. Sie ist ebenfalls meist deutlich heller als die normale Tagfärbung.

Nitrit- und Ammoniakvergiftung

Vergiftungen mit Nitrit und Ammoniak (bzw. Ammonium) als Zwischenprodukt des Stickstoffkreislaufs treten üblicherweise in neu eingerichteten Aquarien auf, in die zu früh Fische eingesetzt wurden. Manchmal kommt es aus unterschiedlichen Gründen – z. B. starke Überfütterung – aber auch in älteren, eigentlich gut eingefahrenen Aquarien dazu. Symptome einer Nitritvergiftung sind schnelle Atmung, das Aufsuchen der Wasseroberfläche oder Apathie trotz heftiger Kiemenbewegung. Eine sichere Diagnose ist sehr einfach durch einen Nitrit- und einen Ammoniaktest möglich. Falls gerade keine eigenen Testreagenzien zur Hand sind, können diese Tests auch in praktisch jedem lokalen Zoofachgeschäft durchgeführt werden.

Nitritkonzentrationen ab 0,1 ppm sind bedenklich, solche ab 0,5 ppm bereits stark toxisch. Schnelle Abhilfe schafft man durch entsprechend umfangreiche Wasserwechsel. Um einen Nitritwert von 0,4 ppm auf 0,2 ppm abzusenken, müssen 50 % des Wasservolumens ausgetauscht werden – dies ist eine radikale Maßnahme, die für die Tiere ebenfalls Stress bedeutet, aber auf jeden Fall weniger problematisch ist als eine akute Vergiftung. Als Sofortmaßnahme sollte zudem für eine optimale Sauerstoffzufuhr gesorgt werden, die z. B. durch den Einsatz einer Membranpumpe mit Ausströmerstein erfolgen kann. Langfristig kann dem Problem einer zu hohen Nitrit- oder Ammoniakkonzentration durch Einbringen von Filterbakterien entgegengewirkt werden, beispielsweise durch Filtermaterial oder Lebende Steine aus einem biologisch gut funktionierenden Aquarium.

Kropfbildung

Selten treten bei Muränen auch starke Vergrößerungen der Unterseite des Halses auf, die man als Kropf bezeichnen kann – nicht zu verwechseln mit den Kiemensäcken. Ein Kropf ist eine typische Mangelerscheinung, die auf unzureichende Ernährung zurückzuführen ist und daher durch artgerechte und abwechslungsreiche Fütterung einfach vermieden werden kann. Durch eine üppigere und abwechslungsreichere Ernährung kann die Kropfbildung zwar aufgehalten werden, der Kropf lässt sich aber kaum oder nur sehr langsam wieder zurückbilden. Prävention ist hier wie immer die beste Wahl.

Verstopfung

Symptom einer Verstopfung ist ein deutliches Anschwellen des mittleren Körperbereichs in Verbindung mit Lethargie. Anfänglich ist eine Verstopfung nur schwer von einem Laichansatz zu unterscheiden, doch kommt es bei trächtigen Tieren neben der Volumenzunahme zu keinen Begleiterscheinungen. Bakterielle Infektionen können zu einer gefährlichen Flüssigkeitsansammlung im Körper einer Muräne führen, sodass ihr Volumen zunimmt, und ebenso kann dies bei Nematodenbefall vorkommen. Eine Diagnose, ob es sich um eine der genannten Erkrankungen oder tatsächlich um eine Verstopfung handelt, vermag nur ein Veterinär vorzunehmen.

Eine echte Verstopfung ist auf schlechte Umweltbedingungen und vor allem ungeeignetes Futter zurückzuführen. Zur Behandlung bietet sich Epsom-Salz an, ein Bittersalz. Hiervon wird ein Esslöffel in 30 l Wasser aufgelöst. Auch eine behutsame Temperaturerhöhung um 1–4 °C für die Dauer mehrerer Tage kann den Stoffwechsel anregen, jedoch sollte die Temperatur 28 °C in Riffaquarien nicht überschreiten.

Zahnverlust

Das Gebiss von Muränen verändert sich mit zunehmendem Alter. Der plötzliche Verlust eines Großteils der Zähne gehört allerdings nicht zu diesem natürlichen Vorgang. Wahrscheinlich ist ein solcher Zahnverlust Folge einer Mangelerscheinung, die durch einseitige Ernährung hervorgerufen wird – ähnlich dem beim Menschen auftretenden Skorbut.

Der Verlust einzelner Zähne gehört zum natürlichen Alterungsprozess, wohingegen der plötzliche, gleichzeitige Verlust vieler Zähne wohl Ausdruck einer Mangelerscheinung ist

Erbrechen

Bei starker Stressbelastung, z. B. beim Umsetzen oder Transport in ein anderes Aquarium, erbrechen Muränen oftmals die noch unverdaute Nahrung. Um die daraus resultierenden Gefahren abzuwenden, sollten die Tiere mehrere Tage vor einer solchen Situation fasten. Auch verdorbenes Futter oder eine zu große Futterportion können zum Erbrechen führen, aber diese Fehler sollten natürlich ohnehin nicht begangen werden.

Nahrungsverweigerung

Muränen treten manchmal in einen wochenlangen Hungerstreik. Solange Wasserqualität, bisherige Ernährung und sonstige Umweltbedingungen optimal sind, sollte dieses Phänomen dennoch keinen Anlass zur Sorge geben. Überfütterung und Stress, z. B. beim Umsetzen, sind mögliche Gründe der Nahrungsverweigerung. Auch alte Muränen zeigen manchmal Appetitlosigkeit.

Verletzungen

Die dicke Haut sowie die sie umgebende Schleimschicht schützen Muränen nicht vollständig vor Verletzungen wie z. B. Schürfwunden, die durch scharfkantiges Gestein hervorgerufen werden können. Aber auch Auseinandersetzungen mit anderen Fischen oder der Kontakt mit schlecht gesicherten Pumpen können zu Verletzungen führen. Muränen überstehen als grundsätzlich sehr widerstandsfähige Tiere kleinere Verletzungen der Haut ohne Komplikationen, und zumeist verheilen diese ohne Zutun des Pflegers, sofern die Wasserqualität hoch ist. Andernfalls kann es nämlich zu bakteriellen Sekundärinfektionen kommen, die oftmals wesentlich gefährlicher sind als die ursprüngliche Wunde.

Das beeindruckende Regenerationsvermögen von Muränen sorgt aber dafür, dass sogar vollständig abgerissene Nasalanhängsel wieder nachwachsen können. In der Natur finden sich zudem häufig Exemplare, die offensichtlich Kieferbrüche erlitten haben, die jedoch wieder verheilt sind und nur anhand von Fehlstellungen zu erkennen sind, den betroffenen Murä-

Muränen besitzen ein erstaunliches Regenerationsvermögen mechanischer Verletzungen. Sogar Verletzungen, die zum Teilverlust des Kiefers geführt haben, können verheilen – wie bei dieser Gelbkopfmuräne (*Gymnothorax fimbriatus*).
Foto: T. Zuberbühler

Zebramuräne
(*Gymnomuraena zebra*)

Kapitel 7

Muränen für die Pflege im Aquarium

Weil die Familie Muraenidae eine ungeheure Artenfülle aufweist, für die Pflege aber längst nicht alle Spezies gleichermaßen geeignet sind, soll die folgende Übersicht eine erste Orientierungshilfe geben.

Gut für das Aquarium geeignete Arten

Bild	Art	Typische Eigenschaften
	Gymnomuraena zebra (Zebramuräne) Seite 109	• häufig im Handel • relativ friedlich • mittelgroß bis groß • frisst Krebstiere, selten Fische • manchmal schwer an totes Futter zu gewöhnen
	Gymnothorax tile (Süßwassermuräne) Seite 160	• häufig im Handel • frisst Fische und Krebse • sehr tolerant gegenüber der Wasserqualität
	Echidna nebulosa (Sternchenmuräne) Seite 98	• häufig im Handel • mittelgroß • wenig problematisch bei der Fütterung • frisst Krebse und Fische
	Echidna polyzona (Ringelmuräne) Seite 100	• häufig im Handel • mittelgroß • frisst Krebse und Fische
	Gymnothorax richardsonii (Richardsons Muräne) Seite 154	• sehr kleine Art • frisst kleine Krebse und Fische

Eine der friedlichsten Arten ist die Zebramuräne (*Gymnomuraena zebra*)

Bedingt für das Aquarium geeignete Arten

Bild	Art	Typische Eigenschaften
	Gymnothorax polyuranodon (Leopardenmuräne) Seite 149	• selten im Handel • scheuer als *Gymnothorax tile*, ansonsten ähnlich, aber etwas größer • attraktive Färbung
	Echidna catenata (Kettenmuräne) Seite 96	• häufig im Handel • frisst Fische und Krebse • wird groß
	Enchelycore pardalis (Hawaii-Drachenmuräne) Seite 106	• spektakuläres Äußeres • sehr teuer • mittelgroß • sehr räuberisch
	Gymnothorax miliaris (Goldmuräne) Seite 137	• selten im Handel • interessantes Äußeres • mittelgroß • frisst Krebse und Fische
	Rhinomuraena quaesita (Nasenmuräne) Seite 177	• häufig im Handel • frisst nur kleine Krebse und Fische • manchmal schwer an Ersatzfutter zu gewöhnen

Arten nur für Spezialisten

Bild	Art	Typische Eigenschaften
	*Gymnothorax dovii* (Gepunktete Muräne) Seite 117	• sehr groß • sehr aggressiv • für gewöhnliche Heimaquarien ungeeignet
	*Gymnothorax favagineus* (Netzmuräne) Seite 120 !	• erreicht gewaltige Ausmaße • sehr aggressiv • stellt eine Gefahr für unerfahrene Pfleger dar
	*Gymnothorax flavimarginatus* (Gelbrandmuräne) Seite 123	• sehr groß • sehr aggressiv • für gewöhnliche Heimaquarien ungeeignet
	*Gymnothorax funebris* (Grüne Muräne) Seite 125 !	• sehr aggressiv • erreicht gewaltige Ausmaße • stellt eine Gefahr für unerfahrene Pfleger dar
	*Gymnothorax javanicus* (Riesenmuräne) Seite 131	• die in der Pflege heikelste Muränenart • für gewöhnliche Heimaquarien ungeeignet

! = sehr aggressiv

Kapitel 8

Muränenarten im Porträt

Gymnothorax miliaris
Foto: thinkstock | Miguel Angelo Silva

Im Folgenden stelle ich alle bisher beschriebenen Muränengattungen sowie 75 einzelne Arten vor. Dabei handelt es sich um Spezies, die bereits in Aquarien gepflegt wurden und zumindest gelegentlich in den Zoofachhandel gelangen. Hinweise zu anatomischen Merkmalen, geografischer Herkunft, Ökologie sowie artspezifischem Verhalten bieten auch Anhaltspunkte für die Aquarienpflege. Gebräuchliche Synonyme für die gültigen wissenschaftlichen Namen werden aufgeführt, um eine Orientierung in Bestandslisten von Importeuren und Zoofachgeschäften zu erleichtern. Fotografien und Beschreibungen arttypischer Merkmale sollen dabei helfen, die Tiere richtig zu bestimmen, denn dazu ist es für Laien am einfachsten, die Muränen mit Fotos zu vergleichen. Als Kriterien für eine fundierte Einschätzung können folgende Fragen dienen:

- Wo beginnt die **Rückenflosse** am Körper? Noch am Kopf, vor der Kiemenöffnung, hinter der Kiemenöffnung oder erst weit hinten am Schwanzende?
- Welche Form haben **die hinteren Nasenlöcher**?
- Welche Form haben **die vorderen Nasenlöcher**?
- Gibt es **auffällige Punkte** an Oberkiefer, Unterkiefer, Mundwinkel, Kiemenausgang oder After?
- Wie sind die **Schwanzspitze** und der äußere **Rand des Flossensaums gefärbt**?
- Ist die Muräne eher gefleckt und haben vorhandene **Flecken** einen Umriss, der Farnblättern ähnelt?
- Welche **Augenfarbe** besitzt das Tier? Vorsicht: Diese kann auf Fotos verfälscht dargestellt sein.
- Sind Zähne sichtbar, wenn die Muräne ihr Maul geschlossen hat?
- Sind die Zähne spitz, abgerundet oder plattenförmig?

Ist eine Bestimmung anhand dieses Fragenkatalogs nicht möglich, kann auch die geografische Herkunft des Tieres Aufschluss über seine Artzugehörigkeit geben. Im Anhang findet sich eine Übersicht, in der Muränen ihren Verbreitungsgebieten zugeordnet sind. Mithilfe von Datenbanken wie z. B. www.fishbase.org sowie aktuellen Neubeschreibungen in der Fachliteratur kann Bildmaterial recherchiert und mit unbestimmten Exemplaren verglichen werden. Lässt sich das zu bestimmende Tier auf diese Weise immer noch nicht zuordnen, können auch Spezies in Betracht gezogen werden, die eigentlich nur aus anderen Regionen bekannt sind, denn die Wissenschaft konnte auf diesem Gebiet noch längst nicht alle Wissenslücken schließen. In seltenen Fällen ist es sogar möglich, dass ein Exemplar zu einer noch nicht beschriebenen Art gehört, denn die derzeit anerkannten 201 Spezies (von insgesamt mindestens 362 beschriebenen Arten) decken das Artenspektrum der Familie Muraenidae gewiss noch nicht vollständig ab.

Ein grundsätzliches Problem bei der Bestimmung von Muränen ist, dass viele Arten farblich sehr variabel sind. Sowohl geografisch bedingt als auch im Lauf des Wachstums einzelner Exemplare können deutliche Farbunterschiede bzw. -veränderungen auftreten. Daher ziehen Wissenschaftler zur präzisen Bestimmung auch andere Merkmale wie z. B. die Anzahl der Wirbel oder die Anordnung der Zähne heran. Zur Bestimmung lebender Tiere haben diese Merkmale jedoch kaum Praxiswert, schließlich müssten die Muränen zwecks einer Untersuchung betäubt und anschließend geröntgt werden.

Gelbe Farbvariante der Goldmuräne (*Gymnothorax miliaris*)

Namen und Namensänderungen

Trotz ihrer 7 cm Gesamtlänge gewiss keine Zwergmuräne: eine junge *Gymnothorax funebris*

Namen sind Schall und Rauch, sagt ein Sprichwort. Für den zukünftigen Muränenpfleger sind die wissenschaftlichen Namen dieser Tiere jedoch wichtig, weil nur über sie eine eindeutige Kommunikation über bestimmte Arten möglich ist. Nur wer Muränen einwandfrei zu bestimmen vermag, kann im Handel beispielsweise einschätzen, ob das Wunschtier tatsächlich einer kleinwüchsigen Art angehört, oder ob es sich nicht möglicherweise um ein Jungtier handelt, das zu einem mehrere Meter langen Riesen heranwachsen wird. Manche dieser gewaltigen Tiere, z. B. *Gymnothorax funebris*, werden nämlich als Juvenile mit nur wenigen Zentimetern Länge importiert.

Deutsche Namen, z. B. Sternchenmuräne, Zebramuräne oder gar „Süßwassermuräne", sind für die einwandfreie Zuordnung von Exemplaren zu ihrer Art nicht immer geeignet. Das liegt daran, dass oftmals mehrere Spezies mit ein und demselben Namen benannt werden und dies auch je nach Gewohnheit variiert. Beispielsweise werden mindestens vier unterschiedliche Arten gemeinhin als „Süßwassermuräne" bezeichnet. Außerdem weichen solche volkssprachlichen Namen international sehr stark voneinander ab. Zwar gibt es englische Bezeichnungen, die der reinen Übersetzung folgend den deutschen Namen entsprechen, aber oftmals sind damit völlig unterschiedliche Tiere gemeint.

Zudem sind auch manche deutsche Namen so beliebig – z. B. „Weißfleckenmuräne" oder „Geistermuräne" (etwa für *Gymnothorax phasmatodes*, *Rhinomuraena quaesita*, *Pseudechidna brummeri*) –, dass eine Vielzahl von Arten diesen Bezeichnungen zugeordnet werden könnte.

Deshalb ist bei der Benennung von Muränen der wissenschaftlichen, binominalen Nomenklatur nach Linné unbedingt der Vorzug zu geben. Sie setzt sich stets aus einem Gattungsnamen (in Großschreibung) und einem diesem untergeordneten sog. Artepitheton (in Kleinschreibung) zusammen.

Gattung *Channomuraena*

Auch diese Gattung ist bislang ohne größere Bedeutung für die Aquaristik. Sie stellt wahrscheinlich nur zwei Arten: die weltweit in tropischen Meeren vorkommende *C. vittata* sowie die erst 1994 beschriebene, um Reunion lebende *C. bauchotae*. Charakteristisch sind die weit vorne am Kopf liegenden Augen und der lange Unterkiefer. Außerdem fehlt der Flossensaum am Rücken.

Channomuraena vittata (Richardson, 1962)

Synonyme:
Channomuraena bennettii, C. cubensis, Gymnomuraena bennettii, G. vittata, Ichthyophis vittatus, Nettastoma vittata, Uropterygius bennetti

Trivialnamen:
Langkiefermuräne, Königsmuräne, Long-jawed moray, Broadbanded moray, Strange moray

Verbreitung:
weltweit in tropischen Meeren

Maximallänge:
1,5 m

Langkiefermuräne (*Channomuraena vittata*) Foto: E. Muller

Zu erkennen ist die Langkiefermuräne an den weit vorne liegenden Augen, dem Bandmuster des Körpers sowie dem sehr tief eingeschnittenen Maul. Der gelegentlich im Englischen gebrauchte Name „Strange moray" weist auf die für Muränen ungewöhnliche Kopfform hin. *Channomuraena vittata* besitzt unzählige kleine, spitze Zähne in bis zu acht Reihen. Mit anderen gebänderten Muränen ist sie daher kaum zu verwechseln. Trotz ihres riesigen Mauls scheinen Langkiefermuränen recht harmlos zu sein, wenngleich sie Fische verschlingen können, die zweimal dicker sind als sie selbst. Zudem zeigt *C. vittata* ein interessantes Drohverhalten, indem sie versucht, ihr Maul und ihren Kopf so groß wie möglich wirken zu lassen, was entfernt an eine Kobra erinnert. Taucher haben darüber hinaus berichtet, dass sich diese Muräne manchmal tot stellt – bei Gefahr, aber möglicherweise auch, um Beutefische anzulocken.

Langkiefermuränen bewohnen sowohl flache Riffe als auch Riffwände in größerer Tiefe. Die wenigen Exemplare, die in zumeist öffentlichen Aquarien in den USA leben, wurden in der Regel in der Karibik unabsichtlich mit Fischfallen aus größeren Tiefen heraufgeholt. Um Dekompressionsschäden zu vermeiden, müssten Tiere aus großer Tiefe aber eigentlich sehr langsam an die Wasseroberfläche transportiert werden. In Aquarien benötigen diese Muränen sehr stabile Riffaufbauten als Versteckmöglichkeiten. Ihr riesiges Maul begrenzt die Möglichkeiten der Vergesellschaftung auf Fische, die mindestens dreimal so dick sind wie die Langkiefermuräne. Andere Muränen sind daher als Gesellschaft nicht zu empfehlen.

Langkiefermuräne (*Channomuraena vittata*) Foto: E. Muller

Gattung *Cirrimaxilla*

Die Gattung *Cirrimaxilla* enthält nur eine Art, nämlich *C. formosa*, die zunächst ausschließlich aus Taiwan bekannt war, wo sie 1995 anhand eines in einem Gezeitentümpel gefangenen Exemplars beschrieben wurde. Erst in jüngerer Zeit wurden in den Mägen großer Seeschlangen der Gattung *Laticauda* vor Neukaledonien weitere Exemplare gefunden. Da diese Muränen hübsch gestreift sind, ungewöhnliche Hautfortsätze (Cirren) an den Kiefern aufweisen und wahrscheinlich sehr klein bleiben (bisher bekannte Maximallänge: 42 cm), wären es sicher interessante Aquarientiere, die bislang aber noch nicht importiert wurden.

Gattung *Diaphenchelys*

Auch diese Gattung enthält nur eine einzige Art: *Diaphenchelys pelonates*. Beschrieben wurde sie erst 2007 nach Exemplaren, die vor der indonesischen Insel Flores gefangen wurden. *Diaphenchelys* ist wahrscheinlich eng mit der Gattung *Enchelycore* verwandt und bewohnt wie *Strophidon sathete* sowie einige *Gymnothorax*-Arten schlammige Böden. Alle bislang gefundenen Exemplare maßen weniger als 50 cm.

Gattung *Echidna*

Echidna ist ein schlangenartiges Ungeheuer der griechischen Mythologie. In der Zoologie steht hinter diesem Namen jedoch eine Gattung, die etwa ein Dutzend Muränenarten umfasst, von denen einige in der Aquaristik eine große Rolle spielen. *Echidna* spp. besitzen abgerundete Zähne und teilweise Zahnplatten. Sie ernähren sich hauptsächlich von Krabben und anderen Krebstieren, verschmähen aber auch Fische nicht. Zur Gattung *Echidna* gehören die (neben der Zebramuräne, *Gymnomuraena zebra*) friedfertigsten Vertreter der Familie.

Echidna catenata (Bloch, 1795)

Synonyme:
E. flavofasciata, *E. flavoscripta* (Fehlbestimmung), *E. fuscomaculata*, *Gymnothorax catenatus*, *Muraena alusis*, *M. catenata*, *M. sordida*, *Muraenophis catenula*, *M. undulata*, *Poecilophis catenatus*

Trivialnamen:
Kettenmuräne, Chainlink moray, Chain moray

Verbreitung:
westlicher und zentraler Atlantik

Maximallänge:
90 cm (laut Literatur bis 1,65 m)

Die Kettenmuräne ist dunkelbraun gefärbt und besitzt ein Muster aus vielen vertikalen und wenigen helleren horizontalen, grüngelben Streifen. Dadurch entsteht der namensgebende Eindruck von Kettengliedern. Die grünliche Farbe des Netzmusters verblasst mit zunehmendem Alter oft zu einem hellen Grau. Die Literaturangaben zur maximalen Größe der Kettenmuräne variieren, wobei 90 cm wohl ein realistischer Wert ist.

Kettenmuräne (*Echidna catenata*) im Aquarium

Kettenmuränen bewohnen flache Riffbereiche und jagen vor allem Krabben, aber auch andere Krebstiere, selbst Putzergarnelen wie *Lysmata* spp., sowie kleine Fische. Krabben werden sogar bis aufs Land verfolgt. Dort benutzen die Muränen zur Orientierung hauptsächlich ihre Augen, wobei sie nur sich bewegende Objekte wahrzunehmen scheinen. Ihr Vorteil bei der Jagd an Land ist sicher, dass ihnen keine konkurrierenden Fische die Beute streitig machen. Zu den Feinden junger Kettenmuränen gehören große Barrakudas. Die Kettenmuräne gilt als nachtaktiv und ist generell etwas scheuer als die Sternchenmuräne (*E. nebulosa*). Exemplare an der brasilianischen Küste jagen jedoch offensichtlich auch verstärkt tagsüber. Kettenmuränen wechseln ihr Geschlecht nicht, sondern behalten es ein Leben lang bei. *Echidna catenata* ist relativ friedlich und ähnlich wie die Sternchenmuräne mit größeren Fischen gut zu vergesellschaften. Im Aquarium akzeptiert sie relativ schnell Frostfutter. Sie ist regelmäßig im Handel zu finden, wenn auch etwas seltener als die Sternchenmuräne. Weil die Tiere sehr kräftig sind, sollten die Steinaufbauten im Aquarium gut befestigt sein.

Echidna delicatula (Kaup, 1856)

Synonyme:
Poecilophis delicatulus, Siderea delicatula

Trivialnamen:
Labyrinthmuräne, Mottled moray, Finespeckled moray

Verbreitung:
westlicher und zentraler Atlantik

Maximallänge:
65 cm

Die Labyrinthmuräne wirkt auf den ersten Blick einheitlich braun. Bei näherer Betrachtung löst sich das Braun jedoch in ein weiß-braunes Fleckenmuster auf, das an den im Deutschen namensgebenden Irrgarten erinnert. *Gymnothorax meleagris*, *G. miliaris* und *G. nuttingi* können ein ähnliches, allerdings deutlich gröberes Muster zeigen – diese Arten zeigen aber etwas längere Zähne, anhand derer sie identifiziert werden können. In ihrem kräftigen Körperbau erinnert die Labyrinthmuräne an andere *Echidna*-Arten, etwa die Kettenmuräne (*E. catenata*) oder die Sternchenmuräne (*E. nebulosa*). Auffällig sind jedoch die intensiv gelb gefärbten Augen der Labyrinthmuräne.

Echidna delicatula bewohnt Riffe in geringer Wassertiefe und ernährt sich hauptsächlich von kleinen Krebstieren, seltener von Fischen. Labyrinthmuränen sehen besser als viele ihrer Verwandten und behalten im Gegensatz zu Sternchenmuränen ihr Geschlecht lebenslang bei.

In den Handel gelangt diese Spezies durchaus nicht selten, jedoch zumeist unter falschem Namen oder einfach als unbestimmte Muräne. Ihre Haltung ist denkbar einfach, und für andere mittelgroße bis große Fische stellt sie keine Gefahr dar. Kleinere Fische werden allerdings verspeist. In vielerlei Hinsicht ähnelt sie in Pflegeansprüchen und Verhalten der Sternchenmuräne – *E. delicatula* bleibt aber kleiner, lebt versteckter und ist etwas aggressiver.

Labyrinthmuräne (*Echidna delicatula*) – die Detailaufnahme zeigt das labyrinthartige Muster

Echidna nebulosa (Ahl, 1789)

Synonyme:

Echidna cocosa, E. variegata, Gymnothorax boschii, Lycodontis boschi, Muraena auloptera, M. boschii, M. cerino-nigra, M. echidna, M. geographica, M. nebulosa, M. ophis, Poecilophis nebulosa

Trivialnamen:

Sternchenmuräne, Sternfleckenmuräne, Schneeflockenmuräne, Snowflake moray, Starry moray, Clouded moray, Puhi kapa

Verbreitung:

Indopazifik: Ostafrika bis an die Amerikanische Westküste (Kalifornischer Golf, Mexiko, Kolumbien)

Maximallänge:

85 cm

Jungtier von *E. nebulosa* mit durchgehenden schwarzen Streifen

Von Adams (2006) wurde die Sternchenmuräne als „der Goldfisch unter den Muränen“ bezeichnet. Keine andere Muränenart war bislang auch nur annähernd so häufig im Aquaristikhandel zu finden wie sie – und das nicht ohne Grund, denn zum einen ist die Sternchenmuräne mit ihrem attraktiven Muster sehr schön anzusehen, zum anderen handelt es sich bei ihr um einen relativ unkomplizierten Aquarienpflegling. Ihre moderate Größe und das verhältnismäßig friedliche Verhalten gegenüber anderen Fischen sprechen ebenfalls für die Sternchenmuräne.

Echidna nebulosa zeigt als Grundfärbung ein schwarz-weißes Streifenmuster, auf dem zahlreiche gelbe Flecken verteilt sind, die wie die namensgebenden „Sternchen“ erscheinen. Dabei variiert das Muster von Individuum zu Individuum. Charakteristisch für diese Art sind auch die gelb gefärbten vorderen Nasalröhren. Insgesamt ist das Aussehen der Sternchenmuräne so einzigartig, dass eine Verwechslung mit anderen Spezies praktisch ausgeschlossen ist. Sternchenmuränen beginnen ihr Leben als Weibchen und werden später zu Männchen – diese lassen sich an der geringeren Anzahl ihrer Zähne sowie an den etwas größeren, hakenförmigen Zähnen im vorderen Bereich des Oberkiefers erkennen. Die vorderen Zähne haben zudem leicht gesägte Kanten. Möglicherweise stehen der Geschlechtswechsel zum Männchen und die neue, gefährlichere Bezahnung mit dem plötzlichen Fressen von Mitbewohnern in Zusammenhang, das unter Aquarienbedingungen gelegentlich vorkommt.

Adultes Exemplar von *E. nebulosa*
Foto: L. Ilyes

Echidna nebulosa bewohnt Flachwasserbereiche und ist wie die Kettenmuräne (*E. catenata*) auch in der Lage, das Wasser zeitweise zu verlassen, um potenzielle Beute zu verfolgen. Kleine Krabben bilden ihre natürliche Hauptnahrungsquelle, aber bei Untersuchungen des Mageninhalts wurden auch größere Tiere wie Fische – sogar kleinere Sternchenmuränen – und Fangschreckenkrebse gefunden. Das wenig wählerische Fressverhalten lässt sich für die Haltung gut ausnutzen: Sternchenmuränen können relativ leicht an Frostfutter gewöhnt werden.

Farbvariante der Sternchenmuräne mit unterbrochenen schwarzen Streifen Foto: S. Jenness

Echidna nocturna (Cope, 1872)

Synonym:
Poecilophis nocturnus

Trivialnamen:
Nachtmuräne, Blassnasenmuräne, Palenose moray, Freckled moray

Verbreitung:
Ostpazifik: Golf von Kalifornien über Galapagos bis Peru

Maximallänge:
71 cm

Echidna nocturna, die Nachtmuräne, ist dunkelgrün bis dunkelbraun gefärbt und weist wenige rundliche, weiße Punkte auf. Ihre Sinnesporen an Ober- und Unterkiefer sind weiß eingefasst. Von anderen gepunkteten Muränen aus dem Ostpazifik wie z. B. *Gymnothorax dovii* ist sie durch die relativ stumpfe Schnauze sowie die abgerundeten, teilweise plattenartigen Zähne gut zu unterscheiden. Von der sehr ähnlichen Verwandten *E. peli* dagegen lässt sie sich in lebendigem Zustand kaum abgrenzen. Einziges Unterscheidungskriterium ist, dass die Punkte am Körper von *E. nocturna* tendenziell entlang der Seitenlinie angeordnet sind, wohingegen sie bei *E. peli* willkürlicher verteilt zu sein scheinen. Anhand ihrer Herkunft sind die beiden Arten aber sehr leicht auseinanderzuhalten.

Die Nachtmuräne lebt vor allem im Flachwasser und im Gezeitenbereich, bleibt dem menschlichen Beobachter aufgrund ihrer Nachtaktivität aber zumeist verborgen. Sie ernährt sich hauptsächlich von Krabben und anderen Krebstieren, aber auch von Weichtieren und Fischen. Wie die übrigen ostpazifischen Muränenarten (z. B. *Muraena lentiginosa*) ist diese Art in den USA oder in Mexiko viel eher im Zoohandel verfügbar als in Europa. Hinsichtlich Aquarienpflege und Vergesellschaftung ist sie mit Sternchenmuränen zu vergleichen, bleibt aber scheuer und auch kleiner als diese.

Echidna nocturna Foto: K. Sullivan

Echidna polyzona (Richardson, 1845)

Älteres Exemplar von *E. polyzona* ohne Bandmusterung am Unterkiefer

Adulte Ringelmuräne mit Bandmusterung am Unterkiefer
Foto: S. Jenness

Synonyme:
Echidna leihala, E. obscura, E. psalion, E. sauvagei, E. vincta, E. zonata, E. zonophaea, Muraena fascigula, M. polyzona, Poecilophis pike, P. tritor

Trivialnamen:
Ringelmuräne, Barred moray eel, Banded moray, Ringed moray, Puhi Leihala

Verbreitung:
Tropischer Indopazifik: vom Roten Meer über Australien bis Hawaii

Maximallänge:
72 cm

Junge Exemplare dieser Art, deren Körperbau an die Kettenmuräne (*Echidna catenata*) erinnert, sind schwarz und zeigen 25–30 hellgraue Streifen. Die vorderen Nasenlöcher sind meist gelblich gefärbt. Verwechslungsgefahr besteht mit der Zebramuräne (*Gymnomuraena zebra*), die jedoch nur Zahnplatten besitzt, während *E. polyzona* über „richtige" Zähne verfügt. Bei der auch als Ringelmuräne bezeichneten Spezies verblasst zudem mit dem Alter die Streifenzeichnung, sodass Adulte oftmals nur noch bräunlich mit wenigen dunklen Streifen erscheinen. Der Kopf ist zuweilen völlig unge-

Ringelmuräne (*Echidna polyzona*) in Nachtfärbung (oben) und Tagfärbung (unten)

streift. Am Schwanzende hingegen bleibt die typische Zeichnung bis ins hohe Alter erhalten. Der Ringelmuräne zum Verwechseln ähnlich ist *Gymnothorax enigmaticus*. Bei dieser Art ist die Anzahl der Streifen jedoch geringer, der Abstand dagegen größer. Die Schnauzenspitze von *G. enigmaticus* ist in der Regel hell oder gelblich, bei der Ringelmuräne zumeist dunkel. Außerdem sind die dunklen Streifen von *E. polyzona* häufig durch eine helle Kontur begrenzt, die bei *G. enigmaticus* fehlt. Ältere Exemplare von *G. enigmaticus* tragen stets eine bräunliche, schlierenartige Marmorierung über ihrem Körpermuster. Weiterhin kann die Ringelmuräne mit der Gelbstirnmuräne (*G. rueppellii*) verwechselt werden. Diese hat jedoch ebenfalls weniger als 25 schwarze Streifen. Zudem existiert noch eine Reihe weiterer, ebenfalls geringelter Muränenarten aus der Gattung *Gymnothorax*. Dem Muster der meisten dieser Arten fehlt aber der Streifen, der über dem Auge verläuft. Alle *Gymnothorax* spp. besitzen zudem längere Zähne als die Ringelmuräne.

Echidna polyzona ist sowohl tagsüber als auch nachts aktiv. Sie lebt etwas versteckter als die Sternchenmuräne (*E. nebulosa*). Ihr na-

Adulte Ringelmuräne mit Bandmusterung am Unterkiefer
Foto: S. Jenness

türlicher Lebensraum sind Korallenriffe, aber auch die Lagunen und Gezeitentümpel in deren Umgebung. Ihre bevorzugte Nahrung sind Krabben, und mit dieser Vorliebe ähnelt sie all ihren Gattungsverwandten. Die Zähne der Ringelmuräne sind kurz und stumpf, wobei die der Männchen länger und auch etwas zahlreicher sind. Ringelmuränen sind keine Geschlechtswechsler. Aufgrund ihrer geringeren Größe ist *Echidna polyzona* besser für die Pflege geeignet als die Kettenmuräne (*E. catenata*). Dennoch ist sie eher selten im Fachhandel zu finden. Gegenüber anderen Fischen und ihrem Pfleger ist die Ringelmuräne in der Regel nicht aggressiv. Wie bei den anderen Arten der Gattung können ehemals friedliche Tiere ihr Verhalten aber schlagartig ändern.

Echidna rhodochilus Bleeker, 1863

Synonym:
Muraena rhodochilus
Trivialnamen:
Weißwangenmuräne, Süßwassermuräne,
White cheeked moray eel,
Pink-lipped moray eel
Verbreitung:
Indonesien und Philippinen
Maximallänge:
45 cm

Die Weißwangenmuräne ist eine kleine, sehr hübsch gefärbte Art, die im Zoohandel jedoch nur selten erhältlich ist. Sie wird gewöhnlich als „Süßwassermuräne" importiert und ist daher auch meist in Süßwasserabteilungen, in besseren Zoohandlungen auch im Brackwasserbereich zu finden.

Im Aquarium ist sie selbst bei der eigentlich nicht artgerechten Pflege in Süßwasser robuster als die viel häufiger importierte „Süßwassermuräne" *Gymnothorax tile*. Dennoch ist auf Dauer nur die Pflege in Brack- oder Meerwasser erfolgversprechend. In Süßwasser sind die Tiere einfach viel zu anfällig für Krankheiten und reagieren selbst auf mäßig hohe Nitratkonzentrationen empfindlich.

In der Natur bewohnt die Weißwangenmuräne Mangrovensümpfe mit reinem Meerwasser, allerdings schwimmt sie gelegentlich auch weit in Flussmündungen hinein. *Echidna rhodochilus* ist braun bis grünlich gefärbt, wobei die Farbe am ganzen Körper sehr homogen ist und keine Flecken oder Marmorierungen auftreten. Am Mundwinkel tragen Weißwangenmuränen den namensgebenden und deutlich von der Körperfarbe abgegrenzten weißen Fleck. Die Poren im Maulbereich sind rosa gefärbt. Weißwangenmuränen ernähren sich hauptsächlich von kleinen Krebstieren und weniger von Fischen, weshalb sie gut mit nicht zu kleinen Exemplaren vergesellschaftet werden können. Angriffe auf sehr kleine Fische können natürlich auch in ihrem Fall nicht ausgeschlossen werden und hängen vom Temperament der jeweiligen Muräne ab.

Echidna xanthospilos (Bleeker, 1859)

Synonym:
Muraena xanthospilos
Trivialnamen:
Weißfleckenmuräne, Skeletor eel, White spotted freshwater moray
Verbreitung:
Indopazifik: um Indonesien und Papua-Neuguinea bis ins Südchinesische Meer und nach Taiwan
Maximallänge:
60 cm

Die Weißfleckenmuräne zeichnet sich durch rundliche, aber unregelmäßige weiße Flecken auf dunkelbrauner bis schwarzer Grundfärbung aus. Der Bauch ist oft überwiegend weiß. Insgesamt ist die Färbung dieser Spezies sehr kontrastreich, weshalb die Weißfleckenmuräne kaum mit anderen Arten zu verwechseln ist. Im natürlichen Lebensraum schwimmt *E. xanthospilos* relativ häufig in Brackwassergebiete und Flussmündungen, wo sie hin und wieder auch gefangen wird. Sie ist kein typischer Riffbewohner, sondern findet sich eher auf sandigem bis schlammigem Untergrund, z. B. in Mangrovenwäldern und auf Geröllfeldern. Als Nahrung bevorzugt sie wie alle *Echidna*-Arten Krebstiere wie Garnelen, Krabben und Krebse, aber auch kleine Fische werden gefressen.

Hinsichtlich ihres Temperaments ist die Weißfleckenmuräne als recht friedlich einzustufen – in ihrem Verhalten ähnelt sie *E. polyzona*. *Echidna xanthospilos* wird seit den 1990er-Jahren gelegentlich als Aquarienfisch nach Nordamerika und Asien eingeführt, und in den vergangenen Jahren wurden auch Exemplare nach Europa geliefert. Leider wurden diese Tiere in der Vergangenheit meist als Süßwasserfische verkauft, was zu einer geringen Lebenserwartung bei der Aquarienpflege führt.

Weißfleckenmuräne (*Echidna xanthospilos*)
Fotos: D. Schauer

Wie bei allen sogenannten „Süßwassermuränen“ ist für die dauerhafte Pflege Meerwasser vonnöten. Wird dies berücksichtigt, ist die Weißfleckenmuräne aufgrund ihrer moderaten Größe und ihrer Friedfertigkeit gut für die Haltung geeignet.

Gattung *Enchelycore*

Die etwa ein Dutzend Arten dieser Gattung bestechen durch ihr spektakuläres Aussehen, das oftmals an drachenartige Fabelwesen erinnert und allen Arten den deutschen Namen „Drachenmuräne" eingebracht hat. Die lang gestreckten, schmalen Kiefer sowie ihr Arsenal langer, spitzer Zähne weisen *Enchelycore* spp. als Fischräuber aus. Die leicht gebogenen, zum Festhalten zappelnder Beute geschaffenen Mäuler können nicht vollständig geschlossen werden, sodass stets ein Teil des imposanten Gebisses sichtbar ist. Manche Vertreter der Gattung tragen an den hinteren Nasenlöchern mehr oder weniger ausgeprägte, röhrenförmige Verlängerungen, die wie Hörner wirken. Einige *Enchelycore*-Arten gelangen vor allem in den USA gelegentlich unter der Bezeichnung „Viper moray" in den Handel.

Enchelycore anatina (Lowe, 1839)

Synonyme:
Gymnothorax anatinus, *Lycodontis anatinus*, *Muraena anatina*, *M. sanctaehelenae*

Trivialnamen:
Fangzahnmuräne, Fang tooth moray

Verbreitung:
östlicher Atlantik: Kanaren, Azoren, Kap Verde, Ascension, St. Helena, Marokko; Mittelmeer

Maximallänge:
1,2 m

Kopf und Gebiss der Fangzahnmuräne wirken beinahe noch bedrohlicher als bei ihren Gattungsverwandten – und auch durch ihre besondere Färbung fällt *E. anatina* auf. Auf braunem Grund zeigt sie ein Muster aus großen, gelben Flecken, die in Längsreihen angeordnet sind. Bei manchen Exemplaren bilden die braunen Zwischenräume ein Netzmuster. Zwar erreicht die Fangzahnmuräne eine Länge von bis zu 120 cm, doch die meisten Exemplare sind mit einer Länge zwischen 50 und 100 cm ausgewachsen. Dennoch handelt es sich grundsätzlich um eher große, kräftig gebaute Tiere, die auch aufgrund ihres bedrohlichen Gebisses keine unbedenklichen Aquarienpfleglinge sind. Zudem benötigen Fangzahnmuränen ihrer natürlichen Verbreitung entsprechend Wassertemperaturen von 19–23 °C, weshalb sie für die Pflege in tropischen Riffaquarien nicht geeignet sind.

Enchelycore anatina ernährt sich als Bewohner von Riffhängen sowohl von Fischen als auch von Krebstieren, weshalb eine Vergesellschaftung mit diesen kaum möglich ist. Bislang wurden nur drei Exemplare der Fangzahnmuräne aus dem Mittelmeer wissenschaftlich dokumentiert – eines vor Israel, eines vor Griechenland und eines vor der türkischen Küste. Taucherberichten zufolge ist aber anzunehmen, dass sich diese ostatlantische Spezies bereits sehr weit im Mittelmeer ausgebreitet hat. Die Jahreszahl der Erstbeschreibung wird übrigens oft fälschlich mit 1837 oder 1838 angegeben.

Fangzahnmuräne (*Enchelycore anatina*) Foto: B. Nies

Enchelycore nigricans (Bonnaterre, 1788)

Älteres Exemplar der Atlantischen Vipermuräne
Foto: E. Muller

Synonyme:
Enchelycore euryrhina, E. nigrocastaneus, Gymnothorax brunneus, G. nigrocastaneus, G. umbrosus, Muraena anguina, M. nigricans

Trivialnamen:
Atlantische Vipermuräne, Viper moray, Mulatto conger, Mottled conger moray

Verbreitung:
Westatlantik: Südküste der USA, Golf von Mexiko, Karibik bis an die Nordküste Südamerikas; Ostatlantik: westafrikanische Küste bis Gabun; teilweise auch im zentralen und südlichen Atlantik

Maximallänge:
1 m

Jungtiere von *E. nigricans* sind meist auf einem dunklen Netzmuster hellbraun gefleckt, während adulte Exemplare einfarbig braun bis grünlich gefärbt sind. Zudem zeichnet sich diese Art durch ihre stark gebogenen Kiefer sowie die langen Fangzähne aus. Von ähnlichen Arten aus dem Atlantik ist sie durch das Fehlen weißer Sinnesporen (wie bei *E. carychroa*) oder eines auffälligen Körpermusters (wie bei *E. anatina*) zu unterscheiden. Sofern die Herkunft nicht bekannt ist, kann *E. nigricans* allerdings mit einigen einfarbigen *Enchelycore*-Arten aus dem Pazifik verwechselt werden (z. B. mit *E. bayeri*).

Atlantische Vipermuränen leben meist im Flachwasser und sind nur selten in tieferen Bereichen anzutreffen. Sie sind nachtaktiv, und trotz ihrer weiten geografischen Verbreitung werden sie selten gesehen, fotografiert oder gefangen. Manchmal lebt diese Muräne paarweise. Im Aquarium ist *E. nigricans* auch gegenüber Artgenossen eher unverträglich und wahrscheinlich nur dann paarweise zu pflegen, wenn die Tiere schon als Paar gefangen und importiert wurden. Auch andere, besonders kleinere Muränen können nicht mit ihr vergesellschaftet werden, und ebenso verhält es sich mit allen Fischen und Krebstieren, die aufgrund ihrer Größe gefährdet sind, gefressen zu werden. In den Zoohandel gelangt diese Art vorwiegend in den USA, durch Importeure karibischer Fische taucht sie aber gelegentlich auch auf dem europäischen Markt auf. Die Eignung dieser bissigen Tiere als Aquarienfisch ist aber ohnehin zweifelhaft. Bisweilen wird die Atlantische Vipermuräne auf den karibischen Inseln als Speisefisch genutzt.

Jungtier der Atlantischen Vipermuräne

Enchelycore pardalis (Temminck & Schlegel, 1846)

Synonyme:
Enchelynassa canina (Fehlbestimmung), *Gymnothorax pardalis*, *Muraena kauila*, *M. kailuae*, *M. lampra*, *M. pardalis*

Trivialnamen:
Hawaii-Drachenmuräne, Japanische Drachenmuräne, Panthermuräne, Hawaiian dragon eel, Leopard moray eel, Japanese dragon eel, Puhi kauila

Verbreitung:
Indopazifik: von Reunion bis nach Hawaii und zu den Gesellschaftsinseln, nördlich bis nach Südkorea und Japan, im Süden bis nach Neukaledonien

Maximallänge:
95 cm

Hawaii-Drachenmuräne (*Enchelycore pardalis*) – adultes Exemplar Foto: Joellymo

Die Hawaii-Drachenmuräne gehört in den Augen vieler Aquarianer zu den attraktivsten Muränen überhaupt. Ihr bizarres, farbenprächtiges Äußeres, das an den chinesischen Drachen erinnert, macht sie zu einem sehr begehrten Aquarienpflegling – und weil sie in den üblicherweise für die Aquaristik genutzten Fanggründen recht selten vorkommt, wird sie zu fast schon astronomischen Preisen gehandelt. Die Hawaii-Drachenmuräne ist kaum mit anderen Muränen zu verwechseln. Auch wenn einige Mitglieder der Gattungen *Enchelycore* und *Muraena* ähnliche hornartige Auswüchse an den hinteren Nasenlöchern und ein leicht gebogenes Maul mit dolchartigen Zähnen aufweisen, besitzt keine die aufsehenerregende Färbung der Drachenmuräne. Ihre Grundfarbe ist ein Rostbraun, das zum Kopf hin oft in ein klares, leuchtendes Rot übergeht. Über den gesamten Körper sind weiße, schwarz eingerahmte Flecken verteilt. Hartnäckig hält sich in Aquarianerkreisen das Gerücht, Männchen ließen sich an der stärker orange Farbe an Kopf und Hals erkennen. Dies konnte bislang jedoch nicht einwandfrei nachgewiesen werden. Farbliche Variationen treten nämlich auch aus anderen Gründen auf, etwa altersbedingt oder in Abhängigkeit von der geografischen Herkunft. Vor Hawaii, von wo die Drachenmuränen vor allem in die USA exportiert werden, ist die Art selten. Um die Midwayinseln, die nördlichen Philippinen und vor Japan ist sie hingegen häufiger, wird von dort aber kaum nach Europa exportiert.

Die Hawaii-Drachenmuräne besitzt ein schmales, aber sehr kräftiges Maul Foto: D. Knop

Hawaii-Drachenmuränen bewohnen flache Riffe und sind nachtaktiv. Häufig finden sie sich in großen Korallenstöcken (z. B. *Porites compressa*). In seltenen Fällen teilen sich auch zwei Muränen einen Unterschlupf. Sie ernähren sich hauptsächlich von Fischen, aber auch von Krebstieren und Tintenfischen. Im Aquarium leben die Tiere recht versteckt, was in Anbetracht ihrer Schönheit bedauerlich ist. *Enchelycore pardalis* wird zwar nur knapp 90 cm lang, ist aber recht kräftig und verfügt über ein messerscharfes Gebiss, vor dem sich der Pfleger hüten sollte – auch, weil diese Muräne ein hohes Aggressionspotenzial besitzt. Gegenüber anderen Muränen ist sie unverträglich. Viele Muränen ähnlicher Größe flüchten bereits beim Anblick einer Hawaii-Drachenmuräne und versuchen, das gemeinsame Aquarium zu verlassen. Vergesellschaftet werden kann eine Hawaii-Drachenmuräne allenfalls mit einer Artgenossin – aber auch nur dann, wenn beide zeitgleich in ein Aquarium eingesetzt werden.

Enchelycore ramosa (Griffin, 1926)

Synonyme:
Enchelycore mosaica, Fimbrares mosaica, Gymnothorax ramosus

Trivialnamen:
Mosaikmuräne, Mosaic moray

Verbreitung:
südöstliches Australien und Neuseeland, einige pazifische Inseln, eventuell auch Galapagos

Maximallänge:
1,7 m (meist um 1 m)

Enchelycore ramosa besitzt die gattungstypisch schmalen und gebogenen Kiefer sowie die langen Fangzähne, die bei geschlossenem Maul sichtbar bleiben. Die Körperfarbe ist Hellbraun mit einem filigranen, schwarzen Netzmuster, das sich bis auf den Kopf erstreckt. Leicht zu verwechseln ist die Mosaikmuräne mit der wahrscheinlich nahe verwandten *E. lichenosa* aus Taiwan und Japan, allerdings sind bei dieser die Linien des Netzmusters deutlich breiter; dasselbe gilt für die Fangzahnmuräne (*E. anatina*) aus dem Atlantik, der außerdem das Muster am Kopf fehlt. Die indische *E. tamarae* und die westpazifische *E. kamara* haben eher Flecken als ein Netzmuster, und *E. pardalis* besitzt längere „Hörner".

Die Mosaikmuräne führt ein verstecktes Leben in Korallen- und Felsenriffen. Sie wird nur selten gefangen, und als subtropische Art sollte diese Muräne nur in kühlen Aquarien mit einer Wassertemperatur von 19–20 °C gepflegt werden. Außerhalb von Australien und Neuseeland ist sie bisher aber vermutlich ohnehin nicht im Zoohandel aufgetaucht. Eine Vergesellschaftung ist – wie bei anderen fischfressenden Arten dieser Größe – kaum möglich. Auch gegenüber Artgenossen ist die Mosaikmuräne aggressiv.

Mosaikmuräne (*Enchelycore ramosa*) Foto: I. Skipworth

Gattung *Enchelynassa*

Die einzige Art dieser Gattung, die Vipermuräne (*E. canina*) ist wahrscheinlich nahe mit den Muränen der Gattung *Enchelycore* verwandt und sieht ihnen sehr ähnlich. Der Name Vipermuräne wird dementsprechend zuweilen für Vertreter beider Gattungen benutzt.

Enchelynassa canina (Quoy & Gaimard, 1824)

Die vorderen Nasenlöcher der Hawaii-Vipermuräne tragen blattartige Anhängsel Foto: S. Batzner

Synonym:
Muraena canina

Trivialnamen:
Hawaii-Vipermuräne, Viper moray, Long-fang moray, Toothy moray

Verbreitung:
Indopazifik: von den Kokosinseln und Chagos bis Hawaii und Panama

Maximallänge:
1,5 m (unbestätigten Berichten zufolge bis 2,5 m)

Die Hawaii-Vipermuräne ist einfarbig grau bis braun, hat stark gebogene Ober- und Unterkiefer sowie lange Fangzähne, die immer sichtbar sind. Im Gegensatz zu *Enchelycore* spp. besitzt sie zwei blattartige Anhängsel an den vorderen Nasenlöchern, und mit anderen Spezies ist *Enchelynassa canina* kaum zu verwechseln. Oft findet man die Hawaii-Vipermuräne in strömungsreichen Kanälen und an Steilhängen von Außenriffen. Sie ist nachtaktiv und jagt Tintenfische, Fische und Krebstiere. In der Regel handelt es sich um Einzelgänger.

Mit einer Länge von bis zu 1,5 m (möglicherweise sogar noch mehr) und ihrer sehr räuberischen Lebensweise ist die Hawaii-Vipermuräne für das Aquarium kaum geeignet – und glücklicherweise ist sie im Zoohandel auch nur äußerst selten erhältlich. Soll sie dennoch im Aquarium gehalten werden, benötigt sie einen dunklen Unterschlupf sowie einen sehr stabilen Riffaufbau. *Enchelynassa canina* kann in der Eingewöhnung schwierig sein, und vor dem starken Gebiss sollte man sich sowohl bei einer Begegnung im Meer als auch bei der Pflege im Aquarium hüten.

Hawaii-Vipermuräne (*Enchelynassa canina*) – die gebogenen Kiefer lassen sich nicht schließen Foto: S. Jenness

Gattung *Gymnomuraena*

Die „nackte Muräne“, so die wörtliche Übersetzung ihres Gattungsnamens, besitzt wie alle Muränen keine Schuppen. Die einzige bisher beschriebene Art, *G. zebra*, spielt in der Aquaristik eine wichtige Rolle.

Gymnomuraena zebra (Shaw, 1797)

Synonyme:
Echidna zebra, Gymnomuraena doliata, G. fasciata, Gymnothorax zebra, Muraena molendinaris, M. zebra, Muraenophis colubrina (Fehlbestimmung), *Poecilophis zebra*

Trivialnamen:
Zebramuräne, zebra moray eel

Verbreitung:
Indopazifik: Ostafrika bis an die amerikanische Westküste

Maximallänge:
1 m (laut Literatur bis 1,5 m)

Die Zebramuräne gehört zu den Arten, die am häufigsten im Zoofachhandel erhältlich sind. Sie erreicht zwar auch im Aquarium einen knappen Meter an Größe und einen nicht zu vernachlässigenden Umfang, gilt aber als die friedlichste Muräne überhaupt. Dies trifft jedoch nicht gegenüber Krebstieren wie Garnelen, Krabben und Riffhummern zu, die ihre bevorzugte Nahrung darstellen. Auch Muscheln und Seeigel werden gelegentlich gefressen. Zebramuränen zeigen eine unverwechselbare Färbung, die aus dünnen, weißen Querstreifen auf dunkelrotem oder braunem bis schwarzem Untergrund besteht. Die Anordnung der Querstreifen kann variieren – bei manchen Exemplaren sind sie paarweise angelegt, während sie bei anderen Individuen sogar breiter sind als die dunklen Zwischenräume. Die Schnauze der Zebramuräne ist stumpf, und die vorderen Nasenlöcher sind weiß. Der Körper ist insgesamt sehr kräftig und robust. Entsprechend stabil müssen bei der Pflege auch die Steinaufbauten angelegt sein.

Farbvariante der Zebramuräne mit braunen Streifen

Gymnomuraena zebra hat keine spitzen Zähne, sondern eher kugelartige Zahnplatten, die zum Zerbrechen hartschaliger Nahrung geeignet sind. Die Zebramuräne bewohnt flache Riffbereiche von bis zu 50 m Tiefe. Diese Muränen sind meist nachtaktiv, und grundsätzlich werden die bewohnten Riffspalten nur selten verlassen. Jungtiere sind extrem scheu und bleiben meist tief im Riff verborgen. Auch im Aquarium leben sie eher versteckt. Die meisten Fische haben von Zebramuränen nichts zu befürchten, doch sind auch wenige Ausnahmefälle bekannt. Wie bei der Sternchenmuräne beginnen alle Exemplare von *G. zebra* ihr Leben als Weibchen und werden später zum Männchen.

Farbvariante der Zebramuräne mit nur schmalen weißen Streifen Foto: S. Batzner

Zebramuränen sind manchmal schwer an Ersatzfutter zu gewöhnen, weshalb bereits beim Kauf darauf geachtet werden sollte, dass die Muräne frisst. Zur Eingewöhnung frisch importierter Exemplare können lebende Winkerkrabben dienen, die man selbst züchten kann. Stehen solche Salzwasserkrebse nicht zur Verfügung, können notfalls auch lebende Süßwasserkrebse verfüttert werden. Zur erfolgreichen Gewöhnung an tote Nahrung ist neben geeignetem Futter aber auch eine Menge Geduld erforderlich. Futtertiere, die nicht in einem Bissen verschlungen werden können, werden von der Zebramuräne mit dem Körper am Boden fixiert – anschließend werden Beine und Scheren großer Krebse entfernt und zuerst verspeist. Die Fressgeräusche von Zebramuränen sind auch außerhalb des Aquariums gut zu hören. Paarungsverhalten und Eiablage von *G. zebra* konnten unter Aquarienbedingungen bereits beobachtet werden. Die beiden Fische umschlingen sich dabei, richten ihre Hälse nach oben und reißen das Maul auf. Die Aufzucht der Larven ist aber wie bei allen Muränen noch nicht gelungen.

Zebramuräne (*Gymnomuraena zebra*), juveniles Exemplar

Farbvariante der Zebramuräne mit hohem Weißanteil Foto: usnao95

Gattung *Gymnothorax*

Der Name dieser Gattung leitet sich vom griechischen gymnos (nackt) und thorax (Oberkörper) ab und bezieht sich wie auch der Gattungsname *Gymnomuraena* darauf, dass Muränen keine Schuppen besitzen. Alle *Gymnomuraena*-Arten sind ausgeprägte Räuber, die sowohl Fische als auch Krebstiere sowie manche Mollusken fressen. Die Gattung *Gymnothorax* stellt mit 120 Spezies die meisten der bisher bekannten Muränenarten. Eine wissenschaftliche Überarbeitung und eine eventuelle Aufteilung in verschiedene Gattungen stehen noch bevor. Manche Arten wurden zeitweise in die Gattungen *Siderea* und *Lycodontis* gestellt, doch reichten die Definitionen dieser Gattungen für eine endgültige Abgrenzung von der Gattung *Gymnothorax* noch nicht aus.

Gymnothorax albimarginatus (Temminck & Schlegel, 1846)

Oben: Die Detailaufnahme des Kopfes zeigt die verlängerten vorderen Nasenlöcher, die gelben Augen sowie die dolchartigen Zähne der Weißrandmuräne Foto: J. Randall

Synonyme:
Muraena albimarginata,
Gymnothorax hepaticus (Fehlbestimmung)

Trivialnamen:
Weißrandmuräne, Whitemargin moray

Verbreitung:
Westpazifik: Japan, Taiwan und Hawaii

Maximallänge:
1 m

Die Weißrandmuräne ist einfarbig braun ohne die für viele Muränen typische Fleckenzeichnung. Der Flossensaum besitzt einen weißen Rand, der ihr den deutschen Trivialnamen gab. Nur am Ober- und Unterkiefer finden sich hellgraue bis rosa Flecken, anhand derer sich diese Art von einigen anderen Spezies mit ähnlichem weißen Flossensaum unterscheiden lässt. Leicht zu verwechseln ist die Weißrandmuräne mit *G. phasmatodes* – diese ist jedoch schlanker und hat eine niedrigere Rückenflosse. Zudem sind ihre vorderen Nasenlöcher nicht so stark verlängert wie bei *G. albimarginatus*. Während *G. albimarginatus* nur aus dem Pazifischen Ozean bekannt ist, kommt *G. phasmatodes* wahrscheinlich nur im Indischen Ozean (Ostafrika bis Indonesien) vor.

Weißrandmuränen können zwei zart durchscheinende, dunkle Flecken am Kopf aufweisen: einen hinter den Augen am Ansatz der Rückenflosse und einen auf der Stirn zwischen den Augen. Bei adulten Tieren sind diese Flecken nicht mehr eindeutig zu erkennen. Sind diese Flecken bei einem Exemplar deutlich dunkler als die Körperfarbe, handelt es sich jedoch um die Sattelkopfmuräne (*G. sagmacephalus*), die im Körperbau an *G. phasmatodes* erinnert, aber nur aus Japan bekannt ist und eine etwas höhere Rückenflosse besitzt. *Gymnothorax angusticauda* aus dem Indischen Ozean ist eine weitere Spezies, die der Weißrandmuräne stark ähnelt – oberflächlich ist *G. angusticauda* von ihr nur durch den etwas längeren Unterkiefer zu unterscheiden. Die Weißrandmuräne wird manchmal

Weißrandmuräne (*Gymnothorax albimarginatus*) Foto: T. Zuberbühler

Gymnothorax castaneus (Jordan & Gilbert, 1883)

Fuchsmuräne mit einer Putzergrundel (*Elacatinus inornatus*)
Fotos: L. Ilyes

Drohendes Exemplar der Fuchsmuräne

Synonym:
Sidera castanea

Trivialnamen:
Fuchsmuräne, Kastanienmuräne, Chestnut moray, Panamic green moray

Verbreitung:
Ostpazifik: Golf von Kalifornien bis Ecuador und Galapagos-Inseln

Maximallänge:
1,5 m

Die Fuchsmuräne wurde nach ihrer einheitlich rotbraunen Farbe benannt. Die Grundfarbe kann auch ins Grünliche oder seltener ins Gelbliche tendieren. Manche Exemplare zeigen an der Spitze des Oberkiefers und im Mundwinkel kleine, weiße Flecken, die sich am hinteren Teil des Körpers wiederholen. Ansonsten ist diese Art farblich allerdings eher unauffällig. Der Unterkiefer der Fuchsmuräne wirkt bei geöffnetem Maul hervorspringend. Von der ähnlichen Grünen Muräne (*G. funebris*) ist die Fuchsmuräne nicht immer leicht zu unterscheiden. Der Flossensaum von *G. funebris* beginnt aber bereits weiter vorne am Kopf und steigt steiler an.

Gymnthorax castaneus bewohnt felsige Riffbereiche, dringt jedoch auch in sandige Lagunen vor. Nachts ist sie recht aktiv und jagt dann auch schwimmend nach Beute. Das Harpunieren von Fischen in ihrer Umgebung lockt diese Muräne leicht an, und unter Tauchern steht sie im Ruf, auch ohne Verschulden des Tauchers aggressiv zu sein. Die Fuchsmuräne ernährt sich von Fischen und Krebstieren. In Europa spielt sie für die Aquaristik keine Rolle. Aufgrund ihrer wenig attraktiven Färbung, ihrer Größe und Aggressivität ist sie aber auch nicht unbedingt für die Aquarienpflege prädestiniert. In den USA wird sie dennoch hin und wieder verkauft und gepflegt.

Gymnothorax chlamydatus Snyder, 1908

Trivialnamen:
Gebänderte Schlamm-Muräne,
Banded mud moray

Verbreitung:
Westpazifik: Taiwan und Philippinen bis Indonesien

Maximallänge:
60 cm

Diese Art gehört zu einer Gruppe sehr ähnlicher, quer gebänderter *Gymnothorax*-Spezies, die gemeinsam als *G.-reticularis*-Gruppe bezeichnet werden. Von der gebänderten *Echidna polyzona* lässt sich *G. chlamydatus* durch die schärferen Zähne sowie die Punkte zwischen den Streifen unterscheiden. Diese fehlen auch den ebenfalls gebänderten Muränen *G. enigmaticus* und *G. rueppellii*. Im Gegensatz zu ihren Verwandten aus der *G.-reticularis*-Gruppe besitzt die Gebänderte Schlamm-Muräne weniger als 25 durchgehende Bänder, und die hellen Bereiche, die an die Bänder angrenzen, sind frei von Punkten.

Gymnothorax chlamydatus bewohnt vor allem sandige und schlammige Küstenabschnitte, aber auch Riffe und Geröllfelder. Über ihre Lebensweise ist ansonsten nur wenig bekannt – wahrscheinlich ist sie hauptsächlich nachtaktiv und ernährt sich von Krebstieren und Fischen.

Hin und wieder gelangen die sehr hübschen Arten der *G.-reticularis*-Gruppe in den Zoohandel, jedoch meist ohne korrekte Bestimmung oder unter der Bezeichnung *G. minor*. Die Pflege im Aquarium ist unproblematisch, wenngleich bei der Vergesellschaftung auf zu kleine Mitbewohner verzichtet werden sollte.

Gebänderte Schlamm-Muräne (*Gymnothorax chlamydatus*) Foto: T. Zuberbühler

Gymnothorax cribroris Whitley, 1932

Trivialnamen:
Siebmuräne, Sieve-patterned moray, Brown-flecked reef eel, Australian moray

Verbreitung:
Ost-Australien; möglicherweise bis Südasien

Maximallänge:
75 cm

Die Siebmuräne zeigt eine hellbraune Grundfarbe mit einem dunkleren Netzmuster mit farnblattähnlich gezackten Rändern. Die Schwanzspitze ist braun. Die ebenfalls in Australien vorkommende Leopardenmuräne (*G. polyuranodon*) weist eine ähnliche Färbung auf, ist anstelle des Netzmusters aber eher gefleckt. *Gymnothorax chilospilus* und *G. richardsonii* haben hingegen weiß gefasste Sinnesporen an den Kiefern. Ein weiteres typisches Merkmal der Siebmuräne sind 10–15 einzeln stehende, dunkelbraune Flecken hinter den Augen. Diese sind aber nicht so kontrastreich wie z. B. bei *G. margaritophorus*, und ebenso fehlt ein weißer Fleck, wie er z. B. bei *Gymnathorax zonipectis* zu finden ist.

Gymnothorax cribroris gilt gemeinhin als um Australien endemisch, also nur dort vorkommend, jedoch zeigt auch vor Südasien (nahe Hongkong) aufgenommenes Bildmaterial Muränen, die höchstwahrscheinlich dieser Art zuzuordnen sind. Siebmuränen bewohnen sowohl Riffe als auch Buchten mit schlammigem Untergrund und sogar Flussmündungen und Häfen. Sie sind eher nachtaktiv und leben tagsüber versteckt. Für die Aquaristik ist diese mittelgroße Art bislang kaum von Bedeutung, obwohl sie für das Aquarium durchaus gut geeignet wäre.

Siebmuräne (*Gymnothorax cribroris*) Foto: R. Yien

Gymnothorax dovii (Günther, 1870)

Jungtiere von *Gymnothorax dovii* – nur in der Gruppe fühlen sie sich wohl Foto: D. Davi

Synonym:
Muraena dovii

Trivialnamen:
Gepunktete Muräne, Melierte Muräne, Finespotted moray

Verbreitung:
Ostpazifik: Golf von Kalifornien bis an die Küste Kolumbiens, Galapagos-Inseln

Maximallänge:
1,7 m

Die Gepunktete Muräne hat eine dunkelgraue bis braune Grundfärbung. Auf dieser sind zahlreiche kleine, weiße bis gelbe Punkte verteilt. Von der ähnlich gefärbten Maskenmuräne (*G. breedeni*) können kleine Exemplare anhand der fehlenden schwarzen „Augenbinden" unterschieden werden. Mit bis zu 1,7 m Länge muss die Gepunktete Muräne zu den größeren *Gymnothorax*-Arten gezählt werden, die nur von Spezialisten oder in öffentlichen Aquarien gepflegt werden sollten.

Interessanterweise trifft man die Jungtiere dieser Art oft in kleinen Gruppen an. Häufig „stecken" zahlreiche Juvenile gemeinsam und eng gedrängt in einer einzigen Felsspalte – und der bildhafte Vergleich mit einer sagenhaften, vielköpfigen Schlange, der Lernäischen Hydra, drängt sich hier geradezu auf. Erwachsene Exemplare trifft man hingegen meist einzeln an. *Gymnothorax dovii* bewohnt sowohl flachere und felsige Riffbereiche als auch sandige Lagunen und sogar schlammige Gebiete. Als Nahrung dienen ihr Fische und Krebstiere. Bisher wurden diese Muränen wahrscheinlich nur in den USA gehandelt. In der Pflege sind sie hinsichtlich ihrer Ansprüche mit *G. funebris* zu vergleichen, auch wenn die Gepunktete Muräne etwas kleiner und schlanker bleibt.

Adulte Exemplare der Gepunkteten Muräne sind Einzelgänger
Foto: T. Goyos

Gymnothorax enigmaticus McCosker & Randall, 1982

Synonym:
Gymnothorax rueppellii (Fehlbestimmung)

Trivialnamen:
Rätselmuräne, Enigmatic moray, Tiger moray, Banded moray

Verbreitung:
Indopazifik: Ostafrika bis Tuamotu-Archipel und Riukiuinseln

Maximallänge:
58 cm

Rätselmuräne – Jungtier mit schwach ausgeprägter Marmorierung Foto: H. Nakamura

Gymnothorax enigmaticus hat der Wissenschaft einige Rätsel aufgegeben – und so kam es auch zu ihrem wissenschaftlichen Namen (enigmaticus = rätselhaft, mysteriös) und dem englischen Namen „Enigmatic moray“. Die Rätselmuräne, wie sie im Deutschen deshalb heißt, besitzt 17–21 breite Streifen, die durch noch breitere weiße Zwischenräume unterbrochen werden. Über diesem Muster liegt bei älteren Tieren zudem eine Marmorierung. Der Kopf ist schlank, die Zähne sind lang und spitz. Die vorderen Nasalröhren sind gelb. Anhand der Zähne und ihrer Bänderung ist *G. enigmaticus* gut von *Echidna polyzona* und *Gymnomuraena zebra* zu unterscheiden. *Gymnothorax rueppelii* hat im Gegensatz zur Rätselmuräne meist eine gelbe Stirn. Andere gebänderte *Gymnothorax*-Arten (*G.-reticularis*-Gruppe) zeigen Punkte in den hellen Partien.

Die Rätselmuräne lebt in flachen Riffbereichen und Gezeitentümpeln, Jungtiere auch in Lagunen. Gelegentlich sind die Tiere dort selbst tagsüber zu sehen. Dank ihrer geringen Größe ist *G. enigmaticus* durchaus gut für die Aquaristik geeignet, jedoch kann sie kleinen Fischen und Krebstieren gefährlich werden. Auch in den Zoohandel gelangt diese Spezies gelegentlich, allerdings meist unter falscher Bezeichnung. Möglicherweise gehen Fänger und Händler besonders bei Jungtieren der Rätselmuräne davon aus, es mit der friedlicheren und unter Aquarianern populäreren *Echidna polyzona* zu tun zu haben.

Adultes Exemplar der Rätselmuräne
Foto: T. Zuberbühler

Gymnothorax eurostus (ABBOTT, 1860)

Synonyme:

G. chalzius, G. dentex, G. ercodes, G. gilberti, G. wakanourae, Lycodontis eurostus, L. laysanus, L. meleagris (Fehlbestimmung), *L. parvibranchialis, Muraena laysana, Thyrsoidea eurosta*

Trivialnamen:

Abbotts Muräne, Abbott's moray, Stout moray, Salt and Pepper Moray

Verbreitung:

Pazifik: Osterinseln bis an die Küste von Chile und Costa Rica; möglicherweise auch Seychellen

Maximallänge:

60 cm

Abbotts Muräne ist eine kleine, hübsch gefärbte Art. Sie ist variabel in der Färbung, und es existieren mindestens fünf unterschiedliche Farbmorphen, deren Erscheinungsbilder jedoch fließend ineinander übergehen können. Am schönsten sind weiße Exemplare mit einem verzweigten, labyrinthartigen Muster aus dunkelroten bis braunen Flecken. Der Schwanz ist generell etwas dunkler gefärbt, und die Flecken fallen dort ein bisschen größer aus. Bei den meisten Exemplaren überwiegen die dunklen Bereiche, wodurch die Tiere bräunlich mit sehr vielen hellen, manchmal goldenen Flecken erscheinen. So gefärbte Exemplare sind schwer von der Weißmaulmuräne (*G. meleagris*) zu unterscheiden. Der Oberkiefer dieser Art ist aber nicht so deutlich gebogen wie bei *G. eurostus*. Abotts Muräne kann außerdem ihre Kiefer nicht komplett schließen, während dies bei der Weißmaulmuräne eher der Fall ist. Die weißen Flecken von Abbotts Muräne können zuweilen in ein Gelbbraun übergehen. Am Schwanz ist der Flossensaum oft weiß umrandet. Neben den sehr auffällig und kontrastreich gefärbten Tieren gibt es allerdings auch relativ unscheinbare Exemplare. Die Schnauzenspitze ist

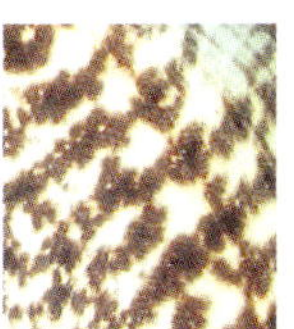
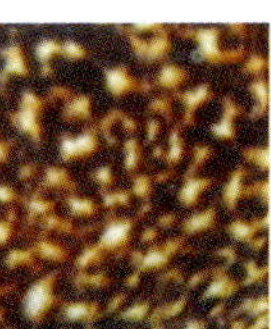

Helle, dunkle und gefleckte Farbvariante von Abbotts Muräne

bei allen Farbvarianten meist hell bis gelblich. Insgesamt ist Abbotts Muräne sehr kräftig und kompakt gebaut.

Gymnothorax eurostus lebt recht versteckt in Riffen und jagt vor allem nachts kleine Fische und diverse Krebstiere. Untersuchungen des Mageninhalts haben ergeben, dass diese Spezies wesentlich öfter frisst als andere Muränen, und außerdem scheint ihr Sehvermögen deutlich besser zu sein als bei den meisten Verwandten. Neben der Weißmaulmuräne (*G. meleagris*) ist Abbotts Muräne die häufigste Muräne um Hawaii. In den USA ist sie daher gelegentlich im Zoohandel zu finden. Aufgrund der relativ geringen Größe und der oftmals hübschen Färbung ist sie für die Pflege im Aquarium auch recht attraktiv, wenngleich sie nur mit wenigen Tieren vergesellschaftet werden kann. Auch kleinere Muränen können dieser Fischjägerin zum Opfer fallen.

Detailaufnahme der gelblichen Schnauze von *Gymnothorax eurostus* Foto: I. Skipworth

Gymnothorax favagineus Bloch & Schneider, 1801

Synonyme:
Enchelycore favagineus, *Gymnothorax melanospilus* (Fehlbestimmung), *G. permistus*, *G. pescadoris*, *G. tessellata*, *Lycodontis favagineus*, *L. permistus*, *L. tessellata*, *Muraena tessellata*

Trivialnamen:
Netzmuräne, Leopardenmuräne, Tesselated Moray, Leopard Moray, Laced Moray, Honeycomb moray

Verbreitung:
Indischer Ozean: Ostafrika bis Indonesien, im Norden bis Japan, im Süden bis Australien; diverse Inseln im Pazifik

Maximallänge:
2 m (angeblich bis 3 m)

Die Netzmuräne gehört sicher zu den spektakulärsten Muränenarten, denn sowohl ihre Färbung als auch die immense Größe sind aufsehenerregend. Daher gehört *G. favagineus* auch zu den Arten, die häufig im Zoohandel zu finden sind – vor ihrem Erwerb sei der private Aquarianer jedoch gewarnt. Die zu erwartende Endgröße sowie die Aggressivität dieser Tiere dürften die allermeisten Hobbyisten überfordern. Leider hat sich im deutschen Fachhandel das Gerücht ausgebreitet, es gebe auch eine Kleine Netzmuräne („*G. permistus*"). Bei dieser sollen die Streifen des weißen Netzmusters viel schmaler sein als bei der Großen Netzmuräne. Doch nach aktuellem Kenntnisstand handelt sich dabei lediglich um Jungtiere der Netz-

Adultes Exemplar der Netzmuräne

Juvenile Netzmuräne (links) und subadultes Exemplar (rechts)

muräne. Die Musterung von *G. favagineus* ist grundsätzlich recht variabel. Es treten sowohl fast schwarze Exemplare als auch Tiere auf, die wie ein Dalmatiner gepunktet sind. Man vermutet, dass die Färbung mit dem Habitat zusammenhängt. Demzufolge sind riffbewohnende Exemplare eher weißlich gefärbt, wohingegen Individuen, die in Gezeitenkanälen mit trübem Wasser leben, wesentlich dunkler sind.

Netzmuränen bewohnen flache, felsige Riffe sowie ihre Umgebung und ernähren sich von Fischen, Tintenfischen und größeren Krebstieren. Aufgrund ihrer Größe stehen sie weit oben in der Nahrungskette. Manchmal dringen Netzmuränen auch in Brackwassergebiete vor, und bei Gefahr können sie sich in sandigem Substrat eingraben. Ältere Exemplare verlieren manchmal jegliche Scheu vor Tauchern und werden sehr zutraulich, können aber unerwartet zubeißen. Im Aquarium sollten Netzmuränen nicht mit deutlich kleineren Muränen vergesellschaftet werden. Diese fliehen oft schon beim Anblick der Netzmuräne und versuchen, aus dem Aquarium auszubrechen. *Gymnothorax favagineus* wird – wenn überhaupt – am besten als Einzeltier gepflegt.

Farbvariante der Netzmuräne mit unregelmäßiger Fleckenzeichnung Foto: H. Nakamura

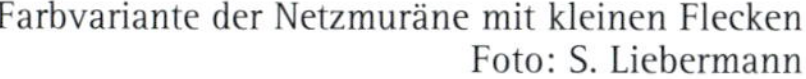
Farbvariante der Netzmuräne mit kleinen Flecken
Foto: S. Liebermann

Gymnothorax fimbriatus (Bennett, 1832)

Jungtier der Gelbkopfmuräne Foto: S. Liebermann Adultes Exemplar

Synonyme:
Lycodontis undulatus (Fehlbestimmung), *Muraena bullata*, *M. fimbriata*, *M. reevesii* (Fehlbestimmung) , *Thyrsoidea bullata*

Trivialnamen:
Gelbkopfmuräne, Drachenmuräne, Fransenmuräne, Fimbriated moray, Spotface moray, Dark spotted moray

Verbreitung:
Indopazifik: Madagaskar bis Gesellschaftsinseln und Mikronesien

Maximallänge:
88 cm

Die Gelbkopfmuräne hat zwar – so verspricht es ihr Name – meist einen gelben Kopf, dessen Farbe kann bei älteren Tieren aber zu einem Braun verblassen. Zu identifizieren ist sie aber auch anhand der lang gestreckten Schnauze sowie der in Reihen angeordneten, dunklen Flecken auf heller Grundfärbung. Ein wenig ähnelt die Art der kleineren *G. zonipectis*, von der sie durch das Fehlen weißer Flecken am Kiefer und hinter den Augen unterschieden werden kann. Sehr ähnliche Fleckenfärbung und Körperbau, aber keinen deutlich gelben Kopf besitzen auch *G. shaoi* und *G. reevesii*. *Gymnothorax shaoi* hat aber gelbe Augen, *G. reevesii* weist helle hintere Nasenlöcher auf.

Gelbkopfmuränen bewohnen sowohl Riffe als auch Lagunen und andere Flachwasserbereiche, selbst bis in Hafenbecken und Flussmündungen dringen sie vor. Sie fressen vor allem Fische, aber auch Krebstiere. Dabei sind sie hauptsächlich nachtaktiv und leben ansonsten versteckt. Wie Sternchenmuränen beginnen Gelbkopfmuränen ihr Leben als Weibchen und werden erst später zu Männchen.

Weil sie hübsch ist und nur eine moderate Größe erreicht, ist *G. fimbriatus* unter Vorbehalt für die Aquarienhaltung geeignet. Jedoch ist sie recht aggressiv und praktisch nicht mit Fischen oder Krebstieren zu vergesellschaften. Im natürlichen Lebensraum teilen sich Gelbkopfmuränen ihre Unterkünfte zwar oft mit kleinen Weißaugenmuränen (*G. thyrsoideus*), in den beengten Verhältnissen eines Aquariums muss dies allerdings nicht ebenso funktionieren.

Gymnothorax flavimarginatus (Rüppell, 1830)

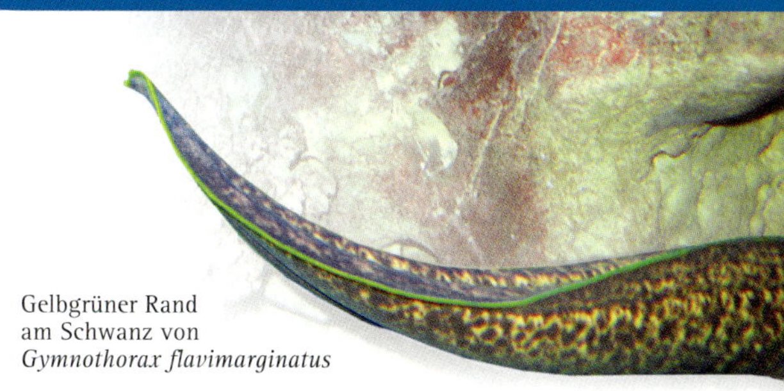

Gelbgrüner Rand am Schwanz von *Gymnothorax flavimarginatus*

Synonyme:

Gymnothorax mauritianus, G. thalassopterus, G. viridipinnnis, Lycodontis flavimarginatus, L. lemayi, Muraena batuensis, M. flavimarginata, M. mauritiana, M. viridipinnna

Trivialnamen:

Gelbrandmuräne, Gelbpunktmuräne, Rußkopfmuräne, Yellow margin moray, Puhi Paka

Verbreitung:

Indopazifik: Ostafrika bis an die amerikanische Westküste

Maximallänge:

1,2 m (angeblich bis 2,4 m)

Die Gelbrandmuräne ist variabel gefärbt und daher anhand der Färbung nur schwer von anderen Arten zu unterscheiden. Die meisten Exemplare sind grau bis braun, manchmal mit einem blaugrauen Farbanteil. Die Musterung besteht aus vielen kleinen, unregelmäßigen, dunkelgrauen bis braunen und gelblichen Flecken. Am Kiemenausgang zeigt *G. flavimarginatus* einen größeren, dunklen Fleck. Der Rand des Flossensaums ist bei vielen Exemplaren außerdem gelb bis hellgrün. Meist ist die gelbe Farbe bei älteren Tieren auf die Schwanzspitze beschränkt, bei sehr großen Exemplaren kann sie auch vollständig fehlen. Den ähnlich gefärbten, aber kleineren Arten wie *G. pseudothyrsoideus* und *G. annasona* fehlt der gelbgrüne Rand immer. *Gymnothorax buroensis* hingegen kann einen schmalen gelben Rand aufweisen, ist aber durch einen schwarzen Ring um das Auge und die abweichende Färbung von der Gelbrandmuräne zu unterscheiden. Bei Jungtieren von *G. flavimarginatus* kann der gelbliche Anteil der Körperfarbe überwiegen. Die Schnauzenspitze der Gelbrandmuräne ist dunkellila bis grau. Die ähnliche Riesenmuräne (*G. javanicus*) ist eher graubraun gefärbt, mit dunklen Punkten, und im Vergleich mit ihr hat die Gelbrandmuräne deutlich gelbere Augen. Wahrscheinlich wurden die beiden Arten oft verwechselt, wodurch sich auch die angebliche Maximallänge von

Gelbrandmuräne im Aquarium

2,4 m erklären könnte, die für die Gelbrandmuräne vermutlich nicht zutrifft. Gelbrandmuränen beginnen ihr Leben als Weibchen und werden später zu Männchen.

Gymnothorax flavimarginatus bewohnt Riffe und Lagunen und ernährt sich von Kopffüßern, Fischen und Krebstieren. Aufgrund ihrer Größe und Aggressivität ist diese Art für die meisten Aquarien ähnlich ungeeignet wie die Grüne Muräne (*G. funebris*), die Netzmuräne (*G.favagineus*) und die Riesenmuräne *G. javanicus*. Ihre Pflege sollte daher Großaquarien vorbehalten bleiben. Jungtiere der Gelbrandmuräne wurden in Europa und den USA aber auch schon im Zoohandel verkauft. Die Vergesellschaftung mit anderen Tieren ist nahezu unmöglich, da zumindest alle Fische, die ins Maul passen, auch gefressen werden.

Gymnothorax flavoculus (Böhlke & Randall, 1996)

Synonyme:
Siderea flavocula, *Gymnothorax rhodocephalus* (Fehlbestimmung)

Trivialnamen:
Blassnasenmuräne, Pale nose moraya

Verbreitung:
westlicher Indischer Ozean: Golf von Oman und Sokotra-Archipel (Jemen)

Maximallänge:
60 cm

Die Blassnasenmuräne ist nahe mit *Gymnothorax griseus* und *G. thyrsoideus* verwandt und zeigt denselben Körperbau sowie eine fast identische Kopfform. Im Gegensatz zu diesen beiden Gattungsgenossen hat sie allerdings gelbliche Augen – von denen auch der wissenschaftliche Name stammt (flavoculus = gelbäugig). *Gymnothorax flavoculus* wurde ursprünglich der Gattung *Siderea* zugeordnet, die derzeit jedoch nicht gültig ist. Der Kopf der Blassnasenmuräne ist dunkelbraun bis violett, nur die Schnauze und die Spitze des Unterkiefers sind hell bis weiß gefärbt. Aufgrund dieser Kopffärbung ist die Art kaum mit anderen Muränen zu verwechseln. Der Körper ist in der Regel dunkel und mit goldenen Punkten überzogen, wobei oft auch ein helles Netzmuster zu erkennen ist, das über dem dunklen Untergrund liegt. Die Zähne der Blassnasenmuräne sind relativ kurz, was darauf hinweist, dass die Art auf den Verzehr von Krebstieren spezialisiert ist.

In der Natur lebt *G. flavoculus* in flachen Riffen und Gezeitentümpeln. Für die Aquaristik war die Art bisher ohne Bedeutung, wenngleich sie für die Pflege im Aquarium ähnlich gut geeignet sein dürfte wie *G. griseus* oder *G. thyrsoideus*.

Blassnasenmuräne (*Gymnothorax flavoculus*)
Foto: B. Mayes

Gymnothorax funebris Ranzani, 1840

Jungtier der Grünen Muräne in grüner Nachtfärbung

Synonym:
Lycodontis funebris

Trivialnamen:
Grüne Muräne, Green moray

Verbreitung:
westlicher Atlantik, vielleicht auch östlicher Pazifik

Maximallänge:
2,5 m

Die Grüne Muräne steht sozusagen sinnbildlich für die gesamte Familie Muraenidae und begegnet uns in vielen öffentlichen Aquarien sowie in Tierbüchern. Ihre Anatomie entspricht der typischen Vorstellung von einer Muräne: ein massiger, schlangenähnlicher Körper von imposanter Größe, ein gewaltiges Maul und dolchartige Zähne. Wie es ihr Name schon andeutet, ist die Grüne Muräne einfarbig grün bis grünbraun gefärbt. Die grüne Farbe wird vor allem durch den Schleimmantel der Tiere erzeugt. Verlieren sie diesen durch einen Unfall oder eine Krankheit, erscheinen sie bläulich.

Ihr Flossensaum beginnt bereits am Hinterkopf.

Gymnothorax funebris bewohnt flache Riffbereiche, aber auch Lagunen und Mangrovenwälder. Ihr Gebiss und ihre immense Schnelligkeit werden von unachtsamen Tauchern manchmal unterschätzt, und so kam es mit dieser Spezies schon oft zu schweren Unfällen. Berichte, die Funde von *G. funebris* an der amerikanischen Westküste dokumentieren, sind vermutlich auf Verwechslungen mit der Fuchsmuräne (*G. castaneus*) oder der Kalifornischen Muräne (*G. mordax*) zurückzuführen. Andernfalls würde das Verbreitungsmuster der Grünen Muräne bedeuten, dass die Art entwicklungsgeschichtlich bereits sehr alt ist – sie müsste in diesem Fall vor der Hebung der mittelamerikanischen Landbrücke entstanden sein und sich von dort aus ausgebreitet haben. Diese Ausbreitung müsste dann vor rund vier Millionen Jahren begonnen haben.

Zur Nahrung der Grünen Muräne gehören Fische, Tintenfische und Krebstiere. In Großaquarien kam es sogar vor, dass sich Exemplare an kleinen Haien vergriffen. Für das Heimaquarium ist die Grüne Muräne absolut ungeeignet, wenngleich sie leider zuweilen im Fachhandel angeboten wird. Nicht nur die zu erwartende Endgröße von bis zu 2 m, sondern auch das hitzige Temperament dieser gefährlichen Tiere verbietet die Pflege zu Hause. In einem Aquarium, in dem ein Exemplar von *G. funebris* lebt, können sämtliche Reinigungs- und Wartungsarbeiten nur mithilfe langstieliger Werkzeuge

Jungtier der Grünen Muräne in brauner Tagfärbung

ausgeführt werden – die eigenen Hände einzusetzen, wäre grob fahrlässig. Auch das Umsetzen dieser Tiere in ein anderes Aquarium ist eine diffizile Angelegenheit, denn adulte Exemplare erreichen ein Gewicht von 15–20 kg, und wenn solche Muränen zappeln und wild um sich beißen, ist das Risiko schwerer Verletzungen für alle Beteiligten groß.

Wer sich trotzdem an die Pflege dieser zugegebenermaßen beeindruckenden Art heranwagen möchte, sollte ein Aquarium von mindestens 2.500 l Volumen sowie eine angemessen dimensionierte Filteranlage ins Auge fassen. Eine Vergesellschaftung mit anderen Tieren ist im Fall der Grünen Muräne beinahe unmöglich, weil sie nicht nur andere Fische und Wirbellose, sondern auch andere Muränen frisst und selbst gegenüber Artgenossen sehr streitlustig ist. Wichtigstes Ausstattungsmerkmal eines solchen Aquariums ist eine mit einem soliden Verschlussmechanismus gesicherte Abdeckung, um einen Ausbruch des Tieres zu verhindern. Und wenngleich diese Anmerkung zunächst reißerisch klingen mag: Ein Telefon, um nötigenfalls selbst den Notarzt rufen zu können, sollte der Pfleger bei der Fütterung und sonstigen Arbeiten am Muränenaquarium stets griffbereit haben.

Großes Exemplar der Grünen Muräne in einem öffentlichen Schauaquarium Foto: I. Krause

Ständig grün gefärbtes adultes Exemplar von *Gymnothorax funebris* Foto: L. Ilyes

Gymnothorax gracilicauda JENKINS, 1903

Gymnothorax gracilicauda Foto: J. Randall

Trivialnamen:
Schlankschwanzmuräne, Slendertail moray, Graceful-tailed moray

Verbreitung:
Indopazifik: Kokosinseln bis Hawaii, Tuamoto und Mikronesien

Maximallänge:
32 cm

Diese kleine Muränenart zeigt eine hellbraune Grundfärbung mit hellem Bauch und besitzt ein dunkelbraunes Netzmuster mit farnblattähnlichem Rand. Dabei sind die vertikalen Linien anders als bei der Kidako-Muräne (*G. kidako*) deutlich betont, während die horizontalen Linien besonders am vorderen Teil des Körpers fehlen können. Die Sinnesporen der Kiefer sind nicht weiß eingefasst wie bei *G. richardsonii* und *G. chilospilus*. Auffällige dunkle Flecken hinter den Augen, wie z. B. bei *G. margaritophorus* und *G. cribroris*, fehlen ebenso.

Die Schlankschwanzmuräne bewohnt Bereiche mittlerer Tiefe (60–70 m) von Fels- und Korallenriffen und lebt dort relativ versteckt. Für die Pflege im Aquarium ist *G. gracilicauda* aufgrund der geringen Größe gut geeignet, doch sollte die Art weder mit zu kleinen Fischen oder Krebstieren vergesellschaftet werden noch mit zu großen Fischen, die ihr selbst gefährlich werden könnten. Diese Muräne beginnt ihr Leben als Weibchen und wird später zum Männchen.

Gymnothorax griseus (Lacepede, 1803)

Adulte Exemplare der Pünktchenmuräne mit violettem Kopf (oben, Foto C. Holmer) und weißem Kopf (links, Foto: J. Oberguggenberger)

Synonyme:
Muraenophis grisea, Siderea grisea, Siderea schonlandi

Trivialnamen:
Pünktchenmuräne, Graue Muräne, Geometric moray

Verbreitung:
westlicher Indischer Ozean

Maximallänge:
65 cm

Die Pünktchenmuräne ist relativ einfach anhand ihrer kleinen, schwarzen Punkte zu erkennen, die an Kopf und Körperseite teilweise Linienmuster bilden. Zudem zeichnet sie sich durch große, weiße Augen sowie ein stumpfes Maul mit leicht vorstehendem Oberkiefer aus. Der Körper ist einheitlich hellgrau bis cremefarben und nur ganz leicht marmoriert. Manche Exemplare besitzen einen weiß umrandeten Flossensaum. Diese Art gehört zu den häufigsten Muränen des Roten Meeres. Dort ist sie auch am Tage oft zu beobachten, wenn sie die felsigen Riffbereiche im Flachwasser nach Beute durchsucht. Manchmal jagt sie zusammen mit kleinen Zackenbarschen. Nachts ziehen sich Pünktchenmuränen auch im Aquarium zurück und zeigen sich im Gegensatz zu vielen anderen Muränen bis zum Morgen kaum.

Gymnothorax griseus ernährt sich hauptsächlich von kleinen Krebstieren, aber auch kleine Fische werden nicht verschmäht und blitzschnell verspeist. Als Aquarienfisch ist die Pünktchenmuräne durchaus zu empfehlen, denn sie gehört zu den friedlicheren Vertretern der Gattung *Gymnothorax* und kann meist problemlos mit anderen ähnlich kleinen und friedlichen Muränen vergesellschaftet werden. Ihre Zähne sind auch nicht ganz so lang und stark gebogen wie bei einigen Verwandten – ein weiterer Hinweis auf die eher friedliche Natur der Tiere. Von der Vergesellschaftung mit sehr kleinen Fischen und Krebstieren ist aber trotz allem abzusehen.

Pünktchenmuränen konnten in Aquarien bereits beim Ablaichen beobachtet werden. Zuvor hatten die Tiere ihren Umfang mehr als verdoppelt, und es wurden zwischen 8.000 und 12.000 etwa 3 mm große Eier abgelegt. Da Pünktchenmuränen Zwitter sind, könnten diese von einem beliebigen Artgenossen befruchtet werden – wenngleich dies gute Voraussetzungen für eine Vermehrung sind, ist die Aufzucht der Jungtiere unter Aquarienbedingungen jedoch noch nicht gelungen.

Zusammen mit anderen ähnlich gebauten und eher friedlich veranlagten Arten (z. B. *Gymnothorax thyrsoideus* und *G. pictus*) wurde die Pünktchenmuräne früher in die Gattung *Siderea* gestellt. Die Definition dieser Gattung reicht allerdings bisher nicht aus, um sie eindeutig von *Gymnothorax* abzugrenzen.

Jungtiere der Pünktchenmuräne (*Gymnothorax griseus*)

Gymnothorax isingteena (Richardson, 1845)

Exemplare der Jaguarmuräne, die zum menschlichen Verzehr gedacht sind Foto: R. Kusuma

Synonyme:
Gymnothorax melanospilus, *G. mindanaoensis*, *Muraena isingteena*, *M. melanospilos*

Trivialnamen:
Jaguarmuräne, Schwarzgefleckte Muräne, Black spotted moray

Verbreitung:
Mauritius und Komoren bis in den westlichen Pazifik

Maximallänge:
1,8 m

Bei der Jaguarmuräne handelt es sich um eine sehr attraktiv gefärbte Art. Auf hellem Untergrund befinden sich kleine und große schwarze Punkte und Ringe, die manchmal (besonders bei Jungtieren) hellgrau gefüllt sind, wodurch sie an die Fellzeichnung eines Jaguars erinnern. Die Art kann leicht mit der Netzmuräne (*G. favagineus*) verwechselt werden, die aber keine hellgrau gefüllten Ringe und generell mehr Punkte mit kleineren Zwischenräumen besitzt. Es wäre aber auch möglich, dass es sich bei *G. isingteena* tatsächlich lediglich um eine Farbvariante von *G. favagineus* handelt. Zumindest sind bislang neben der Färbung, die bei Netzmuränen sehr variabel ist, keine morphologischen Unterscheidungskriterien (z. B. der Bezahnung) aufgezeigt worden.

In Japan, Europa und wahrscheinlich in den USA wird die Jaguarmuräne auch für die Aquaristik gehandelt, oft unter falscher Bezeichnung, etwa als *G. favagineus*. Leider ist sie aufgrund ihrer Größe kaum zur Pflege in gewöhnlichen Heimaquarien geeignet. In der Natur bewohnt sie Riffe und ernährt sich von Fischen, Tintenfischen und Krebstieren.

Jaguarmuräne (*Gymnothorax isingteena*) im Aquarium
Foto: D. Leung

Gymnothorax javanicus (Bleeker, 1859)

Synonyme:
Lycodontis flavomarginatus (Fehlbestimmung), *L. javanicus*, *Muraena javanica*
Trivialnamen:
Riesenmuräne, Giant moray
Verbreitung:
Indopazifik: Ostafrika bis zu den Pitcairn-Inseln und Hawaii
Maximallänge:
3 m

Jungtier der Riesenmuräne mit großen Flecken
Foto: B. Nies

Jungtiere von *G. javanicus* sind hellgrau bis bräunlich mit größeren dunklen und rundlichen Flecken. Diese Färbung geht mit zunehmendem Alter in ein helles Netzmuster auf dunklem Untergrund über, das sich zum Kopf hin jedoch auflöst. Adulte Exemplare sind graubraun bis rotbraun mit kleinen, dunkelbraunen Flecken. Am Kiemenausgang haben sie einen schwarzen Punkt, der etwas unauffälliger ist als bei der ansonsten recht ähnlichen Gelbrandmuräne (*G. flavimarginatus*). Letztgenannte zeigt in der Körperzeichnung eher helle Punkte auf dunklem Untergrund, während die Riesenmuräne dunkle Punkte auf hellerer Grundfärbung aufweist. Bei ihr sind die dunklen Punkte vor allem bei jüngeren Exemplaren deutlich ausgeprägt.

Geschlechtsreif wird *G. javanicus* erst mit einer Größe von über 1,5 m. Riesenmuränen gehören zu den wenigen Arten der Familie Muraenidae, von denen bekannt ist, dass Exemplare in der Natur miteinander um Reviere kämpfen. Dabei verbeißen sich die Tiere gegenseitig in ihren Mäulern, wodurch schwerwiegende Wunden und später Narben entstehen.
Riesenmuränen leben in Riffen und Lagunen, wo sie sich von Fischen, Tintenfischen und größeren Krebstieren ernähren. Eine wissenschaftliche Studie, in deren Rahmen der Mageninhalt von über tausend Exemplaren untersucht wur-

Älteres Exemplar von *Gymnothorax javanicus* mit kleinen Flecken
Foto: J. Oberguggenberger

Detailaufnahme des Kopfes und typischer Kampfnarben der Riesenmuräne Foto: J. Oberguggenberger

de, hat ergeben, dass *G. javanicus* recht selten frisst – dann aber eher große Beutetiere, denn im Magen eines untersuchten Tieres wurde u. a. sogar ein Weißspitzenriffhai gefunden. Im Vergleich zur nur wenig kleineren Netzmuräne verhält sich die Riesenmuräne gegenüber Tauchern eher friedlich. Wird ein Angriff aber provoziert, hat dieser oftmals sehr schwerwiegende Folgen für das Opfer.

Weil die Riesenmuräne am Ende der Nahrungskette steht, reichern sich in ihr auch besonders häufig Ciguatoxine an. Der Verzehr dieser Tiere ist also ebenfalls nicht ungefährlich und kann zu der gefürchteten Lebensmittelvergiftung führen, die schon dutzende Todesfälle verursacht hat.

Für die Pflege in gewöhnlichen Heimaquarien ist *G. javanicus* natürlich nicht geeignet. Adulte Tiere können ein Gewicht von bis zu 70 kg erreichen, und aufgrund des gefährlichen Gebisses und des aggressiven Temperaments ist diese Muränen nur schwer zu kontrollieren. Eine Vergesellschaftung mit anderen Tieren ist nicht möglich, weil selbst andere Muränen gefressen werden. Aquarianer sollten die Riesenmuräne vor allem kennen und identifizieren können, um nicht versehentlich ein Jungtier dieser Art zu erwerben.

Gymnothorax kidako (Temminck & Schlegel, 1846)

Synonyme:
Gymnothorax mucifer, Muraena kidako, M. similis

Trivialnamen:
Kidakomuräne, Kidako moray

Verbreitung:
Westpazifik: Philippinen bis Süd-Japan, Hawaii

Maximallänge:
92 cm

Die Kidakomuräne zeichnet sich durch ein relativ grobmaschiges, dunkles Netzmuster auf hellgrauem oder bräunlich beige Untergrund aus. Dieses Muster ist nicht sonderlich regelmäßig, und seine Ränder sind farnblattähnlich gewellt, wodurch die Art leicht von der Netzmuräne (*G. favagineus*) unterschieden werden kann. Letztgenannte ist außerdem immer schwarz-weiß gemustert und nie bräunlich. *Gymnothorax kidako* bewohnt Riffe und ist wenig scheu. Sie wird oft durch das Harpunieren von Fischen angelockt. Sie ernährt sich von Tintenfischen und Fischen, wahrscheinlich auch von Krebstieren. Ihre moderate Größe sowie die hübsche Färbung machen sie zu einem attraktiven Aquarienpflegling. Zwar verhält sie sich etwas aggressiver als diejenigen Spezies, die hauptsächlich Krebstiere jagen, doch hält sich ihr Temperament in Grenzen.

In Japan wird die Kidakomuräne auch als Speisefisch gehalten und als Delikatesse geschätzt, wenngleich den meisten Japanern der Anblick dieser Tiere zuwider ist. Weil *G. kidako* vor allem in den kühleren Bereichen des Pazifiks vorkommt, sollte auch für die Haltung eine etwas niedrigere Temperatur von 20–22 °C gewählt werden. Insgesamt gelangt die Kidakomuräne eher selten in den Zoohandel – am ehesten wird sie aus Hawaii in die USA oder nach Europa exportiert, obwohl sie um Japan und Taiwan eigentlich häufiger vorkommt. Im Aquaristikhandel kann es zu Verwechslungen mit der – viel preisgünstigeren und eigentlich deutlich anders gemusterten – Kettenmuräne (*Echidna catenata*) kommen.

Kidakomuräne (*Gymnothorax kidako*) Foto: A. Jonas

Detailaufnahme des Kopfes der Kidakomuräne
Foto: T. Hayashi

Gymnothorax margaritophorus Bleeker, 1864

Gymnothorax margaritophorus Foto: H. Nakamura

Synonyme:
Lycodontis margaritophorus

Trivialnamen:
Halsfleckmuräne, Blotch-necked moray, Trunkspotted moray, Blackpearl moray, Pearly moray eel

Verbreitung:
Ostafrika bis in den West- und Zentralpazifik: Riukiuinseln, Australien, Gesellschaftsinseln, Linieninseln

Maximallänge:
70 cm

Die Halsfleckmuräne besitzt ein verwaschenes, dunkelbraunes Netzmuster auf hellbrauner Grundfärbung. Die vertikalen Linien sind deutlich ausgeprägt, wohingegen die horizontalen Linien bei manchen Individuen fehlen können. Typisches Merkmal von *G. margaritophorus* ist zudem eine Gruppe auffälliger, dunkler Punkte (meist 5–13 Stück), die sich hinter dem Auge ausbreitet. Die Ersten dieser Punkte sind oft seitlich lang gestreckt und besonders dunkel. Helle Flecken wie bei *G. zonipectis* oder *G. chilospilus* treten hingegen nicht auf, und die ansonsten sehr ähnlichen Flecken von *G. cribroris* heben sich weitaus weniger vom Körpermuster ab.

Diese sehr versteckt lebende Muräne bewohnt vor allem flache Korallenriffe. Sie gelangt nicht oft in den Zoohandel, obwohl sie vor allem aufgrund ihrer moderaten Größe gut für die Pflege in mittelgroßen Heimaquarien geeignet wäre. Wie einige andere Muränen wandelt sich die Halsfleckmuräne im Lauf ihres Lebens vom Weibchen zum Männchen um.

Gymnothorax melatremus Schultz, 1953

Synonyme:
Lycodontis melatremus
Trivialnamen:
Zwergmuräne, Pazifische Goldmuräne, Dwarf moray, Banana moray, Yellow moray
Verbreitung:
Indopazifik: Ostafrika bis zu den Marquesas-Inseln und Hawaii
Maximallänge:

Orangegelbe Farbform der Zwergmuräne Foto: S. Jenness

Gelbe Farbform mit Netzmuster Foto: J. Randall

Weiße Farbform mit gelblichem Kopf Foto: S. Batzner

Die Zwergmuräne ist zumeist goldgelb gefärbt und besitzt blaue Augen, die einen dunklen, vertikalen Streifen aufweisen. An der Kiemenöffnung findet sich immer ein dunkler Fleck. Die Körperfarbe kann aber von einheitlichem Goldgelb über Weiß und Gelb bis hin zu Rotbraun variieren. Selten zeigen Exemplare auch ein dunkles Netzmuster auf hellem Untergrund – wobei es sich bei dieser Farbform möglicherweise um eine andere Art, möglicherweise aber auch um eine Unterart von *G. melatremus* handelt. Die Zwergmuräne gehört zu denjenigen Spezies, deren Geschlecht lebenslang unverändert bleibt. Mit ihren kurzen und stumpfen Zähnen erinnert die Zwergmuräne ein wenig an die Arten der Gattung *Echidna*. Sie lebt in Riffen – meist an den seeseitigen Riffhängen – und ernährt sich von kleinen Krebstieren und Fischen. Trotz ihrer weiten geografischen Verbreitung wird *G. melatremus* nirgendwo besonders häufig gesichtet, und in Anbetracht ihrer versteckten Lebensweise verwundert dies kaum. Schließlich ist sie auch schon allein wegen ihrer geringen Größe nur schwer zu entdecken.

Aufgrund ihrer wunderschönen Färbung und der geringen Größe erscheint die Zwergmuräne als perfekter Aquarienpflegling, und theoretisch trifft dies auch voll und ganz zu – in der Praxis ist *G. melatremus* allerdings nur äußerst selten im Fachhandel erhältlich, und in diesen raren Fällen wird sie zu teils astronomisch anmutenden Preisen gehandelt, die fast das Niveau der Drachenmuräne (*Enchelycore pardalis*) erreichen können. In besonderem Maße aquarientauglich ist die Zwergmuräne auch, weil sie sich mit nicht zu kleinen Fischen gut vergesellschaften lässt – in Gefahr sind lediglich sehr kleine, längliche Fische sowie Garnelen, die das zierliche Tier mühelos verschlingen kann.

Gymnothorax meleagris (Shaw, 1795)

Synonyme:

Gymnothorax chlorostigma, *G. eurostus* (Fehlbestimmung), *G. leucostictus*, *Lycodontis meleagris*, *Muraena chlorostigma*, *M. meleagris*, *Thyrsoidea chlorostigma*

Trivialnamen:

Weißmaulmuräne, Perlenmuräne, White mouth moray, Turkey moray, Guinea fowl moray, Midnight moray, Puhi'oni'o

Verbreitung:

Indopazifik: Ostafrika bis zu den Marquesas-Inseln und Mangareva

Maximallänge:

1,3 m

Gewöhnliche Farbform der Weißmaulmuräne (*Gymnothorax meleagris*)

Die außergewöhnlich helle Maulinnenseite von *G. meleagris* führte zu ihrem deutschen und einem der englischen Namen. Kopf und Körper dieser Muräne sind hingegen tiefschwarz gefärbt und mit zahlreichen weißen Punkten übersät. Die Schwanzspitze ist weiß umrandet. Manche Exemplare zeigen allerdings auch gelbe Punkte und können dann mit Abbotts Muräne (*G. eurostus*) verwechselt werden, deren Punkte jedoch eher unregelmäßig umrandet sind. Abbotts Muräne teilt zudem auch das natürliche Verbreitungsgebiet der Weißmaulmuräne – die beiden Arten sind die häufigsten Muränen um Hawaii. Die kleinere Art *G. eurostus* hat einen etwas schmaleren Kopf und einen leicht stärker gebogenen Oberkiefer als die Weißmaulmuräne, die wiederum einen größeren und breiteren Hinterkopf aufweist. Somit ist die Unterscheidung beider Arten gut möglich, wenngleich bei Jungtieren ungleich schwieriger als bei Adulten. Eine seltene Farbvariante der Weißmaulmuräne zeigt ein labyrinthartiges, schwarzes Muster auf weißem Untergrund. Diese auffälligen Tiere kommen im englischsprachigen Raum unter der Bezeichnung „Reverse comet“ in den Handel und werden sehr teuer verkauft.

Die Weißmaulmuräne ist auch tagaktiv und nutzt die bei Ebbe zurückbleibenden Gezeitentümpel zur Jagd auf darin eingeschlossene Fische und Krebstiere. Dabei verlässt sie gelegentlich das Wasser – dieses Verhalten ist vielleicht die Grundlage für Legenden von Muränen, die sich auf Hawaii angeblich von Palmen herab auf arglose Strandspaziergänger stürzen. Neben Gezeitentümpeln bewohnt *G. meleagris*

Von weißen Flecken dominierte Farbvariante der Weißmaulmuräne Foto: fissix

auch flache Riffe und Lagunen. In größeren Tiefen ist die Art hingegen nur sehr selten anzutreffen. Weißmaulmuränen fressen Studien zufolge eher unregelmäßig, dann aber bevorzugt Fische. Ihr Geschlecht verändert sich im Lebensverlauf nicht.

Die hübsche Weißmaulmuräne ist etwas zu groß, um bedenkenlos als Aquarienfisch empfohlen zu werden. Dennoch ist sie recht oft im Handel zu finden, vor allem in den USA. Der Mirakelbarsch (*Calloplesiops altivelis*) ahmt als eine Form der Mimikry den Kopf einer Weißmaulmuräne nach – sein weißer Augenfleck am Schwanzende und die abgespreizten Flossen wirken auf den ersten Blick wie eine solche Muräne, die aus einer Riffspalte schaut.

Mirakelbarsch (*Calloplesiops altivelis*), der die Weißmaulmuräne nachahmt

Gymnothorax miliaris (Kaup, 1856)

Synonyme:

Gymnothorax elaboratus, G. flavopictus, G. irregularis, G. scriptus, Lycodontis elaboratus, L. flavopictus, L. irregularis, L. miliaris, Muraena aurea, M. elaborata, M. flavopicta, M. irregularis, M. miliaris, M. multiocellata, M. myrialeucostictus, M. trinitatis, Murenophis miliaris, Sidera elaborata, S. miliaris, Thyrsoidea flavopicta, T. irregularis, T. miliaris

Trivialnamen:

Atlantische Goldmuräne, Goldschwanzmuräne, Gold tail moray, Golden moray, Gold spotted moray, fire coral eel

Verbreitung:

westlicher und zentraler Atlantik

Maximallänge:

70 cm

Atlantische Goldmuränen sind in der Regel dunkelbraun bis schwarz und haben goldene Sprenkel sowie eine goldene Schwanzspitze. Die Sprenkel werden in Richtung Körperende zu größeren Flecken, und es gibt auch seltene Exemplare, die völlig gelb mit nur einzelnen braunen Flecken sind. Es handelt sich dabei um eine sogenannte xanthische Farbmorphe – ein Phänomen, das zumindest äußerlich dem Albinismus ähnelt und ebenfalls mit einer Störung der Pigmentierung zusammenhängt. Darüber hinaus treten weitere Farbvarianten auf, z. B. mit labyrinthartigem, schwarzem Muster. Diese Variabilität der Färbung ist auch der Grund dafür, dass *G. miliaris* unter zahlreichen Synonymen beschrieben wurde.

Gelbe Farbvariante der Goldmuräne

Gefleckte Farbvariante der Goldmuräne

Atlantische Goldmuränen zeichnen sich durch eine relativ kurze und stumpfe Schnauze sowie mittellange, spitze Zähne aus. Das hintere Nasenloch weist eine sehr kurze, röhrenartige Verlängerung auf, die an die „Hörner" der Gattung *Muraena* erinnert. Die Innenseite des Maules ist weiß. Der Unterkiefer ist bei manchen Exemplaren – vermutlich genetisch bedingt – deformiert und gebogen. Beim Fressen scheint dies die betroffenen Tiere nach Michael (2001) jedoch nicht zu behindern.

Gymnothorax miliaris bewohnt eher flache Riffbereiche, manchmal aber auch felsige Riffhänge in Tiefen bis zu 60 m. Die Art ist relativ standorttreu und bewohnt einen Unterschlupf oft mehrere Monate lang. Meist treten Goldmuränen einzeln, manchmal aber auch in Paaren oder zusammen mit anderen Muränen auf. Wie von der Riesenmuräne (*G. javanicus*) ist auch von der Atlantischen Goldmuräne bekannt, dass sie gemeinsam mit anderen Raubfischen jagt. Dabei ernährt sie sich von Krebstieren und kleinen Fischen. Große Zackenbarsche haben es wiederum auf die Atlantische Goldmuräne als Beute abgesehen. Interessanterweise ist die Goldmuräne im Gegensatz zu den meisten anderen Muränen hauptsächlich tagaktiv.

Gymnothorax miliaris wird gelegentlich nach Europa importiert und im Zoohandel angeboten. Manche Muränen, die als Exemplare der sehr teuren Zwergmuräne (*G. melatremus*) offeriert werden, stellen sich tatsächlich als Jungtiere der Atlantischen Goldmuräne heraus. Doch gehört auch die Atlantische Goldmuräne in den USA und in Europa durchaus zu den besonders begehrten und ebenfalls recht teuren Spezies. Dies gilt vor allem für die seltene, rein gelbe Farbvariante, die auch unter der Bezeichnung „banana eel" geführt wird.

Für die Aquarienpflege ist *G. miliaris* durchaus gut geeignet – auch, weil sie als tagaktive Art ein besonders aktiver und interessanter Pflegling ist. Die Vergesellschaftung mit nicht zu kleinen, aber nicht aggressiven Fischen ist möglich, und auch andere Muränen eignen sich als Gesellschaft. Kleine Fische und Krebstiere enden jedoch meist als Mahlzeit. Die Eingewöhnung dieser Muräne kann sich im Vergleich zu anderen Arten etwas schwieriger gestalten, was vor allem die Umstellung auf Frostfutter betrifft. Hier ist Geduld gefragt.

Porträtaufnahme der Goldmuräne Foto: D. Schauer

Gymnothorax mordax (Ayres, 1859)

Synonyme:
Muraena mordax

Trivialnamen:
Kalifornische Muräne, California moray, Californian green moray

Verbreitung:
östlicher Pazifik: Galapagos-Inseln bis Süd-Kalifornien

Maximallänge:
1,5 m

Gymnothorax mordax ist dunkelbraun bis grün gefärbt und mit kleinen, hellen Flecken marmoriert. Am Kiemenausgang befindet sich ein schwarzer Fleck. Die Kalifornische Muräne kann aufgrund der ähnlichen Färbung leicht mit der tropischen Gelbrandmuräne (*G. flavimarginatus*) verwechselt werden, die jedoch außerdem eine violette bis dunkelgraue Schnauze besitzt, die *G. mordax* fehlt. Ihr Körperbau ist auffällig kräftig, und die Schnauze ist für eine *Gymnothorax*-Art relativ kurz und stumpf.

Die Kalifornische Muräne bewohnt felsige Abhänge und Riffe und jagt Tintenfische, Krebstiere und andere Fische. Sie ist in manchen Gebieten eine sehr häufige Art. Für die Pflege in Heimaquarien ist sie zu groß und zu aggressiv, und erfreulicherweise ist sie auch nur selten im Handel vertreten. Wie die Mittelmeermuräne und andere subtropische Arten sollte auch *G. mordax* bei eher niedrigen Temperaturen (unter 22° C) gepflegt werden.

Kalifornische Muräne
Foto: rasputia2

Kopfporträt der Kalifornischen Muräne — Foto: Stacina

Gymnothorax moringa (Cuvier, 1829)

Synonyme:
Gymnothorax albimentis, G. concolor, G. flavoscriptus, G. moringa, G. picturatus, G. rostratus, Lycodontis albimentis, L. moringa, Muraena acurostris, M. moringa, M. punctata, Murenophis caramuru, M. curvilineata, Sidera flavoscripta, S. moringa, Thyrsoidea concolor

Trivialnamen:
Schwarzfleckenmuräne, Schwarzpunktmuräne, Gefleckte Muräne, Spotted moray

Verbreitung:
westlicher und zentraler Atlantik; fehlt offenbar an der afrikanischen Küste

Maximallänge:
1,2 m (angeblich bis 3 m)

Gymnothorax moringa ist weiß bis cremefarben und von einem unregelmäßigen Muster aus braunen bis schwarzen Punkten überzogen – je nach Anzahl dieser Punkte wirken die Tiere entweder weiß mit schwarzer Marmorierung oder andersherum. Ein typisches Merkmal dieser Art ist ihre schmale Schnauze, die sie von anderen, ähnlich gefärbten *Gymnothorax*-Arten unterscheidet. Ihre Zähne sind relativ lang und nach hinten gebogen, weshalb der Biss, insbesondere von adulten Tieren, zu schweren Verletzungen führen kann. *Gymnothorax moringa* sieht Beobachtungen zufolge wahrscheinlich besser als viele andere Muränenarten. Bei Ascension, einer kleinen Insel im Südatlantik, sollen Schwarzfleckenmuränen mit einer Größe von bis zu 3 m gesichtet worden sein. Ob diese Berichte glaubwürdig sind, muss allerdings noch geklärt werden.

Die Schwarzfleckenmuräne ist ein Fischräuber, wobei Jungtiere wiederum selbst von Zackenbarschen und großen Schnappern erbeutet werden. Adulte Exemplare jagen jedoch auch gemeinsam mit anderen Raubfischen. *Gymnothorax moringa* bewohnt sowohl Riffe als auch Seegraswiesen, und in der Karibik ist sie vermutlich die am häufigsten vorkommende Muränenart.

Manchmal teilen sich Schwarzfleckenmuränen ihre Unterschlüpfe mit Purpurmaulmuränen (*G. vicinus*) und jagen sowohl tagsüber als auch nachts.

Manchmal wird *G. moringa* als Speisefisch genutzt, wobei in diesem Zusammenhang auch Fälle der Ciguatera-Vergiftung bekannt wurden.

Über Brasilien und die USA gelangt diese Art gelegentlich in den Aquaristikhandel, obwohl ihre Größe und ihre Aggressivität eigentlich gegen eine Eignung als Pflegling sprechen. Unter Aquarienbedingungen verträgt sich die

Jungtier der Schwarzfleckenmuräne (*Gymnothorax moringa*)

Drohendes Exemplar der Schwarzfleckenmuräne Foto: S. Dixon

Schwarzfleckenmuräne kaum mit anderen Tieren – abgesehen von größeren Muränen, die beim ersten Zusammentreffen allerdings oft minutenlang bedroht werden. Furcht vor größeren Muränen scheint *G. moringa* dabei nicht zu kennen. Zudem haben diese Tiere das Geschehen in ihrer Umgebung gerne unter Kontrolle. Häufig suchen sie sich im Aquarium einen erhöhten Ruheplatz, von dem aus das gesamte Aquarium zu überblicken ist. Für die Pflege der Schwarzfleckenmuräne spricht, dass sie sich auch tagsüber zeigt, und interessant ist sie überdies, weil bereits mehrfach die Ablage von Eiern dokumentiert werden konnte.

Gymnothorax nigromarginatus (Girard, 1858)

Synonyme:
Neomuraena nigromarginata
Trivialnamen:
Schwarzrandmuräne, Blackedge moray
Verbreitung:
Golf von Mexiko und westliche Karibik
Maximallänge:
1 m

Die Schwarzrandmuräne zeigt am Bauch eine markante Musterung Foto: D. Linabury

Die Schwarzrandmuräne ist gelbbraun gefärbt und zeigt eine Musterung aus vielen kleinen, weißen bis gelben Flecken, die teilweise miteinander verbunden sind. Die Rückenflosse besitzt einen schwarzen Rand mit nur sehr wenig Weiß, wodurch sie von den nahe verwandten Arten *G. ocellatus*, *G. saxicola* sowie *G. conspersus* unterschieden werden kann. Bei diesen ist der Rand der Rückenflosse schwarz-weiß gemustert. Die Schwarzschwanzmuräne (*G. kolpos*) ist der Schwarzrandmuräne ebenfalls ähnlich, hat aber nur am Schwanzende einen schwarzen Flossenrand. Der gesamte Schwanz der Schwarzrandmuräne ist recht dunkel gefärbt. Gemeinsam mit den genanten, sehr ähnlichen Spezies bildet *G. nigromarginatus* möglicherweise eine Gruppe innerhalb der Gattung *Gymnothorax*, die sich z. B. durch einen besonders großen, runden Kopf mit kräftigen Kiefern und eine spezielle Bezahnung auszeichnet. Es wäre durchaus möglich, dass diese Muränen tatsächlich nur Unterarten derselben Spezies sind, zumal sie sich auch in ihrer Lebensweise gleichen. In Zukunft werden sie deshalb vermutlich in einer eigenen Gattung geführt.

Im Gegensatz zu den meisten Muränen bewohnt die Schwarzrandmuräne keine felsigen Riffe, sondern hauptsächlich Lagunen und Seegraswiesen im Flachwasser. Dementsprechend kann auch ein Aquarium zur ihrer Pflege mit Seegras oder Makroalgen bepflanzt werden. In den USA ist die Schwarzrandmuräne im Zoohandel erhältlich, aber ihre Einfuhr nach Europa ist bislang wohl noch nicht erfolgt, wenngleich sie möglich wäre. Grundsätzlich gilt diese Art als recht aggressiv, weshalb sie im Aquarium zumindest nicht mit kleinen Fischen und Krebstieren vergesellschaftet werden sollte.

Adulte Schwarzrandmuräne (*Gymnothorax nigromarginatus*) Foto: B. Williams

Gymnothorax nubilus (Richardson, 1848)

Die Augenstreifenmuräne (*Gymnothorax nubilus*) bewohnt auch Kelpwälder Foto: I. Skipworth

Synonyme:
Muraena nubila

Trivialnamen:
Augenstreifenmuräne, Graue Muräne, Grey moray

Verbreitung:
Südostpazifik um Neuseeland

Maximallänge:
90 cm

Die Körperfarbe der Augenstreifenmuräne ist Hellgrau bis Hellbraun, und sie zeigt vertikale Streifen oder Reihen von Flecken, die an *G. zonipectis*, *G. fimbriatus* oder auch an *G. kidako* erinnern können. Von ist *G. nubilus* anhand eines waagerechten, schwarzen Streifens im Auge zu unterscheiden. Die Augenstreifenmuräne ist tagaktiv und bewohnt sowohl Riffe als auch Lagunen und Kelpwälder.

Für die Pflege im Aquarium ist diese Spezies als räuberische, fischfressende und zudem recht groß werdende Art nicht sonderlich gut geeignet. Interessanterweise sind als *G. nubilus* bestimmte Muränen vor allem in Russland im Zoohandel aufgetaucht

Der typische, waagerechte Augenstreifen ist hier deutlich zu erkennen Foto: I. Skipworth

Gymnothorax nudivomer (Günther, 1867)

Farbvariante mit zahlreichen weißen Punkten Foto: C. Holmer

Synonyme:
Gymnothorax insignis, *G. xanthostomus*, *Lycodontis nudivomer*, *Muraena nudivomer*

Trivialnamen:
Gelbmaulmuräne, Sternschwanzmuräne, Starry moray, Yellow mouth moray, Dinosaur moray

Verbreitung:
Indopazifik: Ostafrika bis zu den Marquesas-Inseln

Maximallänge:
1,8 m

Bei der Gelbmaulmuräne handelt es sich um eine weitere recht groß werdende Art aus dem Indopazifik. Sie ist braun bis orange gefärbt und mit vielen weißen oder gelben Punkten gemustert. Die Punkte werden zum Schwanzende hin weniger und etwas größer. Der Schwanz ist dunkler gefärbt als der übrige Körper. Zudem besitzt die Gelbmaulmuräne einen dunklen Fleck am Kiemenausgang. Die auffällige Färbung der Jungtiere, die aus großen, schwarz umrandeten Kreisen besteht, verschwindet beim Heranwachsen und findet sich bei Adulten allenfalls noch am Schwanz. Die Maulinnenseite ist auffallend orange bis gelb gefärbt, und dieses Merkmal hat auch zum deutschen Namen der Art geführt. Durch das Auge der Gelbmaulmuräne verläuft ein vertikaler, dunkler Streifen. Dieser Streifen fehlt der Großkopfmuräne (*Muraena robusta*), die ebenfalls eine gelbe Maulinnenseite haben kann und daher manchmal mit demselben Trivialnamen bedacht wird, was zu Verwechslungen führen kann. Letztgenannte Art zeigt außerdem kleine Hörnchen, die *G. nudivomer* fehlen. Bei ungünstigen Umweltbedingungen kann die Färbung der Gelbmaulmuräne insgesamt verblassen.

Gymnothorax nudivomer bewohnt sowohl flache als auch tiefe Riffbereiche und ernährt sich hauptsächlich von Fischen. Daneben gehören wahrscheinlich auch Tintenfische und Krebstiere zu ihrem Nahrungsspektrum. Die Muräne wirkt vor allem dann beindruckend, wenn sie mit dem weit aufgerissenen, gelben Maul droht. Sie wechselt das Geschlecht im Verlauf ihres Lebens nicht.

Für gewöhnliche Heimaquarien ist *G. nudivomer* etwas zu groß – abgesehen von ihrer Länge (bis zu 1,8 m) erreicht sie auch einen beachtlichen Körperdurchmesser und besitzt ein riesiges, durchaus gefährliches Maul. Gegenüber anderen Muränen und nicht zu kleinen Fischen verhalten sich die Tiere aber meist relativ friedlich, und sie können auch paarweise gepflegt werden – sofern das Aquarium diesen imposanten Muränen ausreichend Raum bietet. Sowohl in den USA als auch in Europa ist die Gelbmaulmuräne zuweilen im Aquaristikhandel erhältlich.

Gelbmaulmuräne (*Gymnothorax nudivomer*) – Farbvariante mit wenigen weißen Punkten Foto: J. Oberguggenberger

Gymnothorax ocellatus Agassiz, 1831

Südliche Augenfleckmuräne (*Gymnothorax ocellatus*)

Synonyme:
Gymnothorax jordani, Lycodontis jordani, Muraena ocellata

Trivialnamen:
Südliche Augenfleckmuräne, Ocellated moray, Sand moray, Caribbean ocellated moray, Brazilian ocellated moray, Blackedge moray

Verbreitung:
Karibik: Große Antillen bis Nicaragua; entlang der südamerikanischen Küste bis Brasilien

Maximallänge:
90 cm

Die Südliche Augenfleckmuräne hat kleine, helle Flecken auf gelbbrauner Grundfarbe, ihre Rückenflosse ist schwarz-weiß gemustert. Damit ähnelt sie der Nördlichen Augenfleckmuräne (*G. saxicola*), die jedoch leicht größere Flecken aufweist und etwas kleiner und leichter bleibt. Verwechslungsgefahr besteht auch mit der Schwarzrandmuräne (*G. nigromarginatus*), deren Rückenflosse im Gegensatz zur Südlichen Augenfleckmuräne jedoch nur einen schwarzen Rand aufweist; zudem sind die hellen Flecken bei dieser Art teilweise miteinander verbunden und nicht sauber voneinander getrennt. Bei allen hier genannten Muränenarten, die sich ohnehin sehr ähnlich sind, liegen die Augen inmitten eines runden, schwarzen Flecks.

Auch sehr ähnlich ist *G. conspersus*. Die Art besitzt jedoch einen dunklen Schwanz und weist eher verschwommene weiße Flecken am Körper auf. Nahezu identisch sieht *G. equatorialis* aus, eine weitere Verwandte aus dem Ostpazifik. Die Schwarzschwanzmuräne (*G.*

kolpos) unterscheidet sich von der Südlichen Augenfleckmuräne nur dadurch, dass ihre Rückenflosse nicht schwarz-weiß ist, und die Schwarzfleckenmuräne (*G. moringa*) besitzt eine deutlich schlankere Schnauze. Außerdem fehlen ihr die Streifen auf dem Flossensaum.

Südliche Augenfleckmuränen bewohnen häufig Seegraswiesen und Sandzonen, wobei sich die Tiere bevorzugt in tiefen Gesteinslöchern verstecken oder – sofern vorhanden – auch in Rohren und anderen Gegenständen, die der Mensch hinterlassen hat. *Gymnothorax ocellatus* besitzt wie die nahen Verwandten der Art eine besondere Bezahnung. Dieser Muräne fehlen die Fangzähne in der Mitte des Oberkiefers, dafür sind die vorderen Zähne des Unterkiefers deutlich größer als üblich, und außerdem sind sie nach innen gebogen und tragen Sägekanten. In der Natur jagt diese Muräne hauptsächlich nachts und erbeutet dabei vor allem Krabben, manchmal auch Garnelen und Fangschreckenkrebse und gelegentlich Fische. Taucher berichten, dass sich die Südliche Augenfleckmuräne zuweilen tot stellt – möglicherweise, um Aasfresser anzulocken, die dann wiederum Beute der Muräne werden.

Für die Pflege in mittelgroßen bis großen Aquarien ist die Südliche Augenfleckmuräne gut geeignet, wenngleich sie nur gelegentlich in den europäischen Handel gelangt. Die hierzulande erhältlichen Exemplare stammen zumeist aus Brasilien. Der Vorliebe dieser Spezies für tiefe Verstecke kann auch im Aquarium gut entsprochen werden, indem etwa PVC-Rohre im Riffaufbau versenkt oder teilweise im Sand eingegraben werden. Da das für den natürlichen Lebensraum typische Seegras im Aquarium nur schwer zu kultivieren ist, sollte besser auf unempfindliche Makroalgen ausgewichen werden, zwischen denen sich die Muränen ebenso wohlfühlen. Bei der Gewöhnung an Ersatzfutter sind manche Exemplare der Südlichen Augenfleckmuräne etwas heikel, wohingegen andere Individuen ohne Zögern jedes angebotene Futter annehmen. Zur Vergesellschaftung sollte auf kleine Fische und Krebstiere verzichtet werden, und auch sehr kleine Muränen laufen Gefahr, als Mahlzeit von *G. ocellatus* zu enden.

Kopfporträt der Südlichen Augenfleckmuräne
Foto: C. Holmer

Ein Exemplar von *Gymnothorax ocellatus* stellt sich tot

Gymnothorax phasmatodes (Smith, 1962)

Geistermuräne (*Gymnothorax phasmatodes*) Foto: M. J. Adams

Synonyme:
Lycodontis phasmatodes

Trivialnamen:
Geistermuräne, Ghost moray

Verbreitung:
westlicher indischer Ozean: Ostafrika bis Mauritius

Maximallänge:
45 cm

Bei der Geistermuräne handelt es sich um eine relativ zierliche Art, die aber aufgrund ihrer großen Augen auffällt. Ihre Körperfarbe variiert zwischen Weiß und Hellbraun, mit weißem Flossenrand. Große Verwechslungsgefahr besteht mit der Weißrandmuräne (*G. albimarginatus*) sowie mit der Weißen Bandmuräne (*Pseudechidna brummeri*), die zudem ebenfalls unter dem deutschen Namen Geistermuräne bekannt ist. *Gymnothorax albimarginatus* ist allerdings kräftiger gebaut als *G. phasmatodes*, und *Pseudechidna brummeri* hat schwarze Punkte im Gesicht, die *G. phasmatodes* fehlen.

Die Geistermuräne lebt hauptsächlich auf Sand- und Geröllfeldern. Bislang wurde sie kaum für den Aquaristikhandel importiert – allenfalls unter falscher Bezeichnung –, wenngleich die Art als Aquarienpflegling eigentlich gut geeignet wäre und sich dabei ähnlich wie *Pseudechidna brummeri* verhält. Eine Vergesellschaftung dieser eher kleinen, schlanken Tiere mit größeren, kräftigeren Muränen sollte vermieden werden.

Gymnothorax pictus (Ahl, 1789)

Exemplar der Pfeffermuräne mit netzartigen, hellen Zwischenräumen bei der Jagd an Land Foto: D. Walsh

Synonyme:
Gymnothorax hilonis, G. thomsoni, Microndonophis polyophthalmus (Fehlbestimmung), *Muraena atomaria, M. elegantissima, M. erythroptera, Muraena pfeifferi, M. lita, M. picta, M. polyophthalamus, M. siderea, M. variegata, Muraenophis pantherinus, Siderea picta*

Trivialnamen:
Pfeffermuräne, Peppered moray

Verbreitung:
Indopazifik: Ostafrika bis zu den Galapagos-Inseln

Maximallänge:
1,4 m

Ausgewachsene Exemplare dieser Art sehen tatsächlich so aus, als hätte man eine hellgraue Muräne mit schwarzem Pfeffer bestreut - daher ist die Bezeichnung Pfeffermuräne sehr treffend. Ähnlich gefärbt ist *G. undulatus*, doch ist die Schnauze dieser Art viel länger und schlanker. Ein typisches Merkmal der Pfeffermuräne sind vier schwarze Punkte am Augenrand, die auch unterteilt oder miteinander verschmolzen sein können. Diese treten auch bei Jungtieren und schwarzen Farbformen auf und fehlen ähnlichen Arten wie z. B. *Gymnothorax buroensis, G. pseudothyrsoideus* und *G. annasona*. Jungtiere der Pfeffermuräne sind manchmal leicht gelblich gefärbt und zeigen neben den feinen, dunklen Punkten auch graue Kringel, die später verschwinden. Die Pfeffermuräne hat weniger Zähne als die meisten anderen *Gymnothorax*-Arten, und vielleicht handelt es sich dabei um eine Anpassung an ihre Nahrung, die haupt-

Pfeffermuräne (*Gymnothorax pictus*) Foto: J. Randall

sächlich aus hartschaligen Krebstieren besteht. Als Zwitter verfügen Exemplare von *G. pictus* sowohl über funktionstüchtige männliche als auch über weibliche innere Geschlechtsorgane.

G. pictus bewohnt fast ausschließlich sehr flache Riffbereiche, Lagunen und Gezeitentümpel. Wie die Kettenmuräne (*Echidna catenata*) verlässt auch sie zeitweise das Wasser, um ihre Beute zu verfolgen. Neben Krabben, Garnelen und Krebsen werden außerdem kleine Fische gefressen. Interessanterweise kommt die Art auf Hawaii auch in Gezeitentümpeln mit einer extrem hohen Salinität von 7 % vor. Diese Exemplare leben dort zwischen schwarzen Basaltsteinen und zeigen oft selbst eine schwarze Färbung, die sie optisch mit ihrem Lebensraum verschmelzen lässt. Fälschlich wurden diese Tiere einst als eigene Art „*Gymnothorax hilonis*“ beschrieben. Die Pfeffermuräne ist darüber hinaus die Typusart der derzeit nicht gültigen Gattung *Siderea*.

Weil *G. pictus* zu den eher großen Muränen der Gattung gehört, ist sie für die Haltung nur bedingt zu empfehlen. Allerdings ist sie weniger aggressiv als andere *Gymnothorax*-Arten und somit zumindest für sehr große Aquarien geeignet.

Gymnothorax polyurandon (Bleeker, 1853)

Synonyme:
Lycodontis polyuranodon,
Muraena polyuranodon

Trivialnamen:
Leopardenmuräne, Süßwassermuräne,
Freshwater moray, Leopard moray

Verbreitung:
Indopazifik: Sri Lanka bis zu den Philippinen, Fidschi, Palau und Australien

Maximallänge:
50 cm (möglicherweise bis 80 cm)

Leopardenmuräne (*Gymnothorax polyuranodon*)

Jungtiere der Leopardenmuräne zeigen eine gelbe Grundfärbung mit unregelmäßigen, vertikalen, dunklen Streifen. Diese lösen sich mit zunehmendem Alter in ein Muster auf, das an die namensgebende Raubkatze erinnert, und die Grundfarbe verändert sich bei älteren Tieren hin zu einem hellen Gelb oder Weiß. Der Hals der Leopardenmuräne ist längs gestreift, wodurch sie sich von der Jaguarmuräne (*G. isingteena*) unterscheiden lässt, und bei der gelb-braun gefleckten Art *G. cribroris* sind die Flecken netzförmig miteinander verbunden. Die Leopardenmuräne bleibt auch im Alter eher schlank und hat einen relativ kleinen Kopf – damit erinnert sie ein wenig an die Weiße Bandmuräne (*Pseudechidna brummeri*).

Leopardenmuränen sind in küstennahen Gewässern wie Lagunen, Mangrovensümpfen und Ästuaren verbreitet, aber nirgendwo besonders häufig. Sie dringen bis zu 30 km weit in Flüsse vor und werden daher auch häufig für „Süßwassermuränen“ gehalten, was aber natürlich nicht zutrifft, denn wie alle Muränen können sie dauerhaft nur in Brack- oder Meerwasser überleben. Es ist anzunehmen, dass *G. polyuranodon* zur Vermehrung tiefere Meeresregionen aufsucht und dass die heranwachsenden Jungtiere in ihre küstennahen Habitate zurückkehren. Unklar ist, welche Maximalgröße adulte Leopardenmuränen tatsächlich erreichen.

Während die Art auf Sri Lanka und in Indonesien 50 cm nicht zu überschreiten scheint, sollen australische Exemplare bis zu 80 cm messen.

Als vergleichsweise robuste, aber wenig aggressive und eher scheue Spezies ist *G. polyuranodon* für die Aquarienpflege gut geeignet. Allerdings ist sie im Zoohandel selten erhältlich, und wenn dies doch der Fall ist, dann sind die Tiere recht teuer. Mit kleinen Fischen und Krebstieren sollte die Leopardenmuräne nicht vergesellschaftet werden, weil diese gefressen würden, doch mit anderen Muränen ähnlicher Größe, auch derselben Art, gibt es in der Regel keine Konflikte.

Kopfporträt der Leopardenmuräne

Gymnothorax porphyreus (Guichenot, 1848)

Synonyme:

Gymnothorax chilensis, *G. obscurirostris*, *G. wieneri*, *Muraena chilensis*, *M. porphyrea*, *Muraenophis porphyreus*

Trivialnamen:

Flachflossenmuräne, Lowfin moray

Verbreitung:

Südpazifik: Nord-Neuseeland, Lord-Howe-Insel bis Südamerika

Maximallänge:

81 cm

Die Flachflossenmuräne ist dunkel- und hellbraun gefleckt und besitzt eine auffallend niedrige Rückenflosse sowie einen insgesamt kräftig gebauten Körper. Damit ähnelt sie der Gelbrandmuräne (*G. flavimarginatus*), die nahezu identisch gemustert ist, dabei allerdings immer eine dunkle Schnauze, einen markanten, dunklen Fleck am Kiemenausgang und zumeist einen grünlichen Flossensaum aufweist.

Gymnothorax porphyreus ist eine subtropische Art, die flache Riffbereiche und Gezeitentümpel bewohnt und in manchen Regionen, z. B. um die Osterinsel, recht häufig vorkommt. Für die Aquaristik ist die Flachflossenmuräne kaum relevant, und ohnehin kommt sie als subtropische Muräne nur für Aquarien infrage, in denen die Wassertemperatur 22 °C nicht überschreitet.

Flachflossenmuräne (*Gymnothorax porphyreus*), aufgenommen vor Cheeseman Island Foto: I. Skipworth

Gymnothorax prasinus (Guichenot, 1848)

Synonyme:
Gymnothorax jacksoniensis, G. leecote, Muraena callorhyncha, M. prasina

Trivialnamen:
Gelbe Muräne, Yellow moray, Green moray

Verbreitung:
südöstlicher Pazifik: Australien und Neuseeland

Maximallänge:
92 cm (möglicherweise bis 1,5 m)

Die Gelbe Muräne ist – wie es ihr deutscher Name schon vermuten lässt – einheitlich gelb bis orange gefärbt. Auffällig ist sie auch aufgrund ihrer bläulichen Augen. Der Bauch ist oft etwas heller als der übrige Körper, und der Kiemenausgang ist meist eine Spur dunkler gefärbt. Im Unterschied zu anderen *Gymnothorax*-Arten weist *G. prasinus* eine sehr stumpfe Schnauze auf.

Gymnothorax prasinus bewohnt felsige Riffe und Seegraswiesen. Die Art lebt recht versteckt und wird vor allem nachts aktiv. Dann macht sie Jagd auf Krebstiere, Fische und kleine Tintenfische.

Grüne Farbform der Gelben Muräne Foto: I. Skipworth

In den Zoohandel gelangt die Gelbe Muräne vor allem in Australien und manchmal auch in den USA, weniger in Europa. Für die Haltung dieser Art ist ein großes Aquarium notwendig, in dem die Wassertemperatur mit etwa 20 °C eher niedrig ist.

Gelbe Muräne (*Gymnothorax prasinus*) Foto: M. Bell

Gymnothorax prionodon Ogilby, 1895

Porträt von *Gymnothorax prionodon* Foto: R. Ling

Synonyme:
Lycodontis wooliensis, Gymnothorax leucostigmus, G. wooliensis

Trivialnamen:
Australische Fleckenmuräne,
Australian mottled moray, Sawtooth moray

Verbreitung:
westlicher Pazifik: Süd-Japan bis Australien

Maximallänge:
1,6 m

Die Australische Fleckenmuräne ist orange bis braun gefärbt und zeigt ein Muster aus gelben bis weißen, runden Flecken. Ihre Schnauze ist relativ lang, und der Hinterkopf wirkt recht massiv. Im Profil weist der Kopf einen Knick oberhalb des Auges auf. Obwohl der englische Name „Sawtooth moray" („Sägezahnmuräne") dies nahelegt, sind die Zähne von *G. prionodon* nicht gesägt. Wahrscheinlich ist diese Bezeichnung auf eine Verwechslung mit der „echten" Sägezahnmuräne (*Gymnothorax prismodon*) zurückzuführen.

Die Australische Fleckenmuräne ist ein Riffbewohner, der Fische und Krebstiere frisst. Für die Pflege in gewöhnlichen Heimaquarien wird diese Muräne zu groß, wenngleich sie in sehr geräumigen Aquarien mit großen Beifischen durchaus gut gelingen kann. In den Handel gelangt die Art vor allem in Australien, Russland und wahrscheinlich auch in den USA – oft unter dem Synonym „*Gymnothorax leucostigma*".

Australische Fleckenmuräne Foto: I. Skipworth

Gymnothorax pseudothyrsoideus (Bleeker, 1852)

Synonyme:
Lycodontis pseudothyrsoidea, *Muraena pseudothyrsoidea*

Trivialnamen:
Hochflossenmuräne, Highfin moray

Verbreitung:
vom Oman über Indien bis in den westlichen Pazifik

Maximallänge:
80 cm

Gymnothorax pseudothyrsoideus ist hell und dunkel gefleckt und besitzt eine auffallend hohe Rückenflosse. Von den ähnlich gezeichneten Arten *G. porphyreus*, *G. pictus* und *G. flavimarginatus* lässt sich die Hochflossenmuräne anhand ihrer spitzeren Schnauze unterscheiden. Die ebenfalls ähnliche Spezies *G. annasona* kommt nur im Südwestpazifik vor und kann somit zumindest aufgrund ihrer Herkunft von der Hochflossenmuräne differenziert werden. Auch ostafrikanische Wellenmuränen (*G. undulatus*) weisen eine ähnliche Fleckenzeichnung auf. Ihre Schnauze ist allerdings noch länger und die Rückenflosse setzt weiter hinten am Körper an als bei der Hochflossenmuräne. Jungtiere von *G. pseudothyrsoideus* besitzen manchmal einen weißen Flossenrand, während bei adulten Tieren höchstens an der Schwanzspitze noch weiße Partien zu finden sind.

Wie viele verwandte Arten bewohnt diese Muräne vorzugsweise Korallenriffe. Gelegentlich wird sie auch von Sportanglern gefangen, wohingegen sie derzeit leider nicht für den Aquaristikhandel importiert wird, obwohl sie sich vermutlich gut als Pflegling eignen würde.

Hochflossenmuräne (*Gymnothorax pseudothyrsoideus*) Foto: B. Mayes

Gymnothorax randalli Smith & Böhlke, 1997

Synonyme:
Gymnothorax punctatofasciatus (Fehlbestimmung)

Trivialnamen:
Randalls Muräne, Randall's moray

Verbreitung:
Indopazifik: Rotes Meer bis Indonesien

Maximallänge:
36 cm (möglicherweise auch etwas mehr)

Randalls Muräne zählt zu einigen kleinen bis mittelgroßen, sehr ähnlich gebauten und gezeichneten Arten aus dem Indopazifik, die als „*Gymnothorax-reticularis*-Gruppe" bezeichnet werden. Von den anderen Arten dieser Gruppe unterscheidet sich *G. randalli* dadurch, dass ihre mindestens 34 Querbänder aus schwarzen Flecken zusammengesetzt sind. Bei der ähnlichen Art *G. mccoskeri* sind es höchstens 27 Streifen, die aber ebenso aufgeteilt sind.

Randalls Muräne Foto: T. Zuberbühler

Randalls Muräne scheint in der Natur sandige Untergründe zu bevorzugen und dürfte im Aquarium ähnlich zu pflegen sein wie ihre nahen Verwandten (z. B. *Gymnothorax chlamydatus*). Im Zoohandel ist diese Spezies bislang aber anscheinend noch nicht aufgetaucht.

Gymnothorax richardsonii (Bleeker, 1852)

Synonyme:
Gymnothorax pseudothyrsoidea (Fehlbestimmung), *Lycodontis richardsoni*, *Muraena pseudothyrsoidea* (Fehlbestimmung), *M. richardsonii*

Trivialnamen:
Richardsons Muräne, Richardson's moray, Spotted lip moray

Verbreitung:
Indopazifik: Ostafrika bis zu den Gesellschaftsinseln

Maximallänge:
32 cm

Richardsons Muräne ist beige bis hellgrün gefärbt und zeigt dünne, dunkelbraune Querstreifen, die stellenweise in ein netzartiges Muster übergehen können. Die Kopfporen sind weiß eingerahmt, der Flossensaum ist im Bereich der Schwanzspitze gelblich.

Gymnothorax richardsonii kann mit einigen weiteren indopazifischen Arten verwechselt werden. Dies sind vor allem *Uropterygius kamar*, *Gymnothorax pseudothyrsoideus*, *G. prismodon*, *G. margaritophorus*, *G. gracilicauda*, *G. cribroris* und *G. chilospilus*. Letztgenannter Art fehlt jedoch die gelblich umrandete Schwanzspitze von Richardsons Muräne. *Anarchias leucurus* und *A. seychellensis* besitzen zwar die gelbliche Schwanzspitze, aber ihr Flossensaum beginnt erst sehr weit hinten am Körper. *Gymnothorax buroensis* ist kräftiger gebaut und besitzt keine

Richardsons Muräne mit dunkler Tagfärbung

weiße Umrandung um die Kopfporen. *Gymnothorax megaspilus* zeigt zwar ein sehr ähnliches Muster wie Richardsons Muräne, ist aber anhand eines auffälligen dunklen Flecks am Kiemenausgang zu identifizieren.

Männchen von Richardsons Muräne weisen weniger Zähne im Ober- und Unterkiefer auf als Weibchen. Das Geschlecht ist festgelegt und verändert sich im Lauf des Lebens nicht.

Gymnothorax richardsonii bewohnt flache Riffbereiche und Lagunen und versteckt sich besonders gerne unter Steinen oder auch im Sand, vornehmlich in Bereichen, die mit Makroalgen bewachsen sind. Die Tiere ernähren sich von kleinen Krebstieren und Fischen. Nach Michael (2001) jagt Richardsons Muräne auch in der Gruppe. Beispielsweise sollen diese Muränen so Kardinalfische erlegen, die ein einzelnes Exemplar dieser winzigen, zierlichen Art nicht bewältigen könnte.

Aufgrund ihrer geringen Größe ist Richardsons Muräne gut für die Pflege im Aquarium geeignet, und sie ist in Europa gelegentlich im Zoohandel zu finden. Da sich offensichtlich unter Aquarianern herumgesprochen hat, dass diese Spezies sehr klein bleibt, ist sie entsprechend begehrt. Leider hat dies auch zur Folge, dass viele kleine, nicht einwandfrei zu bestimmende Muränen als *G. richardsonii* verkauft werden – möglicherweise auch dann, wenn es sich tatsächlich um Juvenile größerer Arten handelt. Bei als *G. megaspilus* bestimmten Tieren aus Ostafrika handelte es sich hingegen tatsächlich um Richardsons Muräne.

Auf der philippinischen Insel Cebu wird diese Muräne in großem Stil als Nahrungsmittel unter der Bezeichnung „bakasi" verkauft. In der Stadt Cordova im Süden der Insel gibt es im August sogar ein alljährlich stattfindendes Fest, das dem Verzehr dieser Spezies gewidmet ist.

Richardsons Muräne mit heller Nachtfärbung

Gymnothorax tile (Hamilton, 1822)

Adultes Exemplar von *Gymnothorax tile* mit kleinen goldenen Flecken

Synonyme:
Echidna rhodochilus (Fehlbestimmung), *Gymnothorax polyuranodon* (Fehlbestimmung), *Lycodontis tile*, *L. tile*, *Muraenophis tile*

Trivialnamen:
Goldstaubmuräne, Süßwassermuräne, Braune Muräne, Freshwater moray, Freshwatersnowflake eel, Indian mud moray

Verbreitung:
Andamanen über Indien bis Indonesien und Philippinen, vielleicht auch Hawaii

Maximallänge:
60 cm

In den vergangenen Jahren hat die Goldstaubmuräne (*Gymnothorax tile*) die Sternchenmuräne *Echidna nebulosa* als häufigste Muränenart im Zierfischhandel abgelöst. Das liegt vor allem daran, dass sie in großer Zahl in den Sundaban-Sümpfen bei Kalkutta sowie in ganz Südostasien gefangen und als „Süßwassertier" importiert und verkauft wird. Dauerhaft lässt sich diese Muräne allerdings nicht in Süßwasser pflegen, sondern sie gedeiht nur in Meer- oder Brackwasser mit einer spezifischen Dichte von über 1.010. Süßwasser suchen Goldstaubmuränen in der Natur wahrscheinlich vor allem zur Fortpflanzung auf, und daraus eine grundsätzliche Eignung für die Pflege im Süßwasseraquarium abzuleiten, ist kurzsichtig.

Junge Goldstaubmuränen sind graubraun gefärbt und zeigen zudem größere, goldene Punkte. Die ihnen ähnliche Art *G. johnsoni* hat eine deutlich längere Schnauze. Mit zunehmendem Alter werden die Punkte der Goldstaubmuräne kleiner, und die Grundfarbe verschwimmt zu einem einheitlichen Blaugrau. Der Bauch bleibt hell, und um das Auge legt sich ein goldener Ring. Die Rückenflosse kann einen grünen Rand besitzen. Adulte Tiere sehen dank ihrer feinen goldenen Punkte manchmal aus wie mit Goldstaub überzogen – daher auch ihr Trivialname. Neben der gewöhnlichen Farbform gibt es auch eine sehr helle Variante, die im Handel als „Albino" angeboten wird, wenngleich es sich genau genommen und eine xanthische Farbform handelt. Ebenso existieren Exemplare, die durch einen roten Streifen am Unterkiefer auffallen und unter der Bezeichnung „red stripe" gehandelt werden. Unklar ist jedoch, ob es sich bei ihnen tatsächlich um *G. tile* handelt.

Goldstaubmuränen werden nicht allzu groß und sind daher gut für die Pflege geeignet. Allerdings verhalten sie sich gegenüber anderen Fischen sehr räuberisch, weshalb eine Vergesellschaftung mit kleineren Tieren ausgeschlossen ist. Gegenüber ähnlich großen Muränen sind sie hingegen friedfertig – dies gilt sowohl für Artgenossen als auch für Exemplare anderer Spezies. Oft teilen sich mehrere Tiere das Aquarium in Reviere auf, aber manchmal bewohnen sie auch einen gemeinsamen Unterschlupf. Bei der Vergesellschaftung von *G. tile* mit größeren, kräftigeren Muränen ist jedoch Vorsicht geboten, weil diese für die recht kleine Goldstaubmuräne eine Gefahr darstellen können. Goldstaubmuränen sehen etwas schlechter als die meisten anderen Muränen – wahrscheinlich ist ein gutes Sehvermögen in den schlammigen Brackwassergebieten und Mangrovensümpfen auch nicht besonders wichtig.

Während *G. tile* bei der nicht artgerechten Süßwasserhaltung oft das Futter verweigert, lassen sich die Tiere nach einer Eingewöhnungsphase im Brack- oder Meerwasseraquarium gut mit verschiedenen Meeresfrüchten füttern und werden dabei sogar recht zahm. Eine Fütterung aus der Hand ist aus Sicherheitsgründen dennoch nicht angebracht. Fresspausen von bis zu mehreren Wochen können vor allem im Sommer auftreten und hängen vielleicht mit den natürlichen, jahreszeitlich bedingten Wanderbewegungen dieser Tiere zusammen, über die noch wenig bekannt ist. Goldstaubmuränen ändern ihr Geschlecht nicht, Männchen und Weibchen lassen sich vermutlich anhand der Kopfform unterscheiden. Dabei ist aber noch unklar, ob es sich bei den Exemplaren mit größer ausgeprägtem Hinterkopf um Männchen oder Weibchen handelt. In Hinblick auf die Haltung eignet sich die Goldstaubmuräne von allen Muränenarten wahrscheinlich am besten für Einsteiger. Sie bleibt relativ klein und verzeiht auch kleine Fehler wie z. B. erhöhte Nitratkonzentrationen.

Jungtier der Goldstaubmuräne mit größeren goldenen Flecken

Gymnothorax undulatus (Lacepède, 1803)

Gymnothorax undulatus – Exemplar mit grünem Kopf Foto: T. Foskett

Synonyme:
Echidna fascigula (Fehlbestimmung), *Lycodontis undulatus*, *Muraena acutirostris*, *M. agassizi*, *M. blochii*, *M. cancellata*, *M. valenciennii*, *Muraenophis undulata*, *Poecilophis fascigula* (Fehlbestimmung), *Thyrsoidea kaupii*

Trivialnamen:
Wellenmuräne, Königsmuräne, Marmormuräne, Leopardenmuräne, Undulated moray, Cheetah moray, Green-headed moray, Puhi Laumilo

Verbreitung:
Indopazifik: Ostafrika bis Mittelamerika (Costa Rica und Panama)

Maximallänge:
1,5 m

Die Wellenmuräne zeigt am Körper helle, meist vertikale, aber auch horizontale Streifen auf dunkler, grünbrauner bis schwarzer Grundfarbe. Manchmal ist die Schnauze gelb gefärbt. Das kettenartige, aus bis zu vier Reihen bestehende Muster erinnert an die Kettenmuräne (*Echidna catenata*) sowie an die Kidakomuräne (*Gymnothorax kidako*). Die Kettenmuräne hat jedoch eine völlig andere Kopfform und deutlich kürzere Zähne, außerdem ist sie im Gegensatz zur Wellenmuräne auch am Kopf gemustert. Die Kidakomuräne besitzt hingegen viel schmalere Streifen als *G. undultaus*. Insgesamt ist die Färbung der Wellenmuräne ausgesprochen variabel, und bei einigen Exemplaren sind die hellen Linien so dicht, dass die Muräne eher gesprenkelt wirkt und auch an Abbotts Muräne (*G. eurostus*) erinnert. Andere Exemplare sind

Jungtier der Wellenmuräne

Exemplar der Wellenmuräne mit gelbem Kopf und typischem Netzmuster Foto: D. Knop

demgegenüber sehr hell gefärbt. Ob es sich bei diesen Farbvarianten, die hauptsächlich vor Ostafrika vorkommen, möglicherweise um regionale Unterarten handelt, ist noch unklar.

In ihrem Verbreitungsgebiet ist die Wellenmuräne relativ häufig. Sie bewohnt Riffe und Lagunen, ernährt sich von Fischen, Tintenfischen und Krebstieren. Zuweilen greift sie Taucher an, wenn sie sich von ihnen bedrängt fühlt. Ihr Geschlecht wechseln kann *G. undulatus* nicht. Für die Pflege im gewöhnlichen Heimaquarium ist die Wellenmuräne völlig ungeeignet, weil sie abgesehen von ihrer bloßen Größe auch sehr kräftig und aggressiv ist, weshalb sie zum einen kaum zu vergesellschaften ist und zum anderen auch ihrem Pfleger gefährlich werden kann.

Gymnothorax unicolor (Delaroche, 1809)

Synonyme:
Lycodontis unicolor, Muraena unicolor, Muraenophis cristini, M. unicolor, Thyrsoidea unicolor

Trivialnamen:
Braune Muräne, Maskenmuräne, Brown moray

Verbreitung:
Ostatlantik: Madeira und Kanaren, Azoren, Portugal und Kapverden bis ins Mittelmeer

Maximallänge:
100 cm

Wie es ihr Name schon sagt, ist die Braune Muräne hauptsächlich braun gefärbt. Sie ist relativ kräftig gebaut, und ihre Schnauze ist stumpf. Ihre einzige farbliche Auffälligkeit ist eine Art Maske am Kopf, die durch ein dunkleres Braun von der Grundfarbe des Körpers abgesetzt ist.

Gymnothorax unicolor bewohnt felsige Habitate oder Geröllfelder und verbirgt sich zumeist in Felsspalten. Ihre Nahrung besteht vor allem aus Krabben und Krebsen, aber auch Fische werden gelegentlich erbeutet. Berichten zufolge frisst diese Muräne manchmal auch Schnecken. Als nachtaktive Art bleibt sie Tauchern in der Regel verborgen, und auch als Aquarienfisch ist ihre Bedeutung gering. Dabei wäre ihre Pflege gut möglich, wenn man berücksichtigt, dass sie als subtropische Spezies kühles Wasser (18–20 °C) benötigt. Mit der ebenfalls subtropischen Mittelmeermuräne (*Muraena helena*), die recht aggressiv ist, sollten zu kleine Exemplare der Braunen Muräne nicht vergesellschaftet werden.

Braune Muräne (*Gymnothorax unicolor*) Foto: B. Nies

Gymnothorax vicinus (Castelnau, 1855)

Synonyme:

Gymnothorax cyanopunctatus, *G. funebris* (Fehlbestimmung), *G. obscuratus*, *G. versipunctatus*, *G. virescens*, *Leptocephalus forstromi*, *Lycodontis afer* (Fehlbestimmung), *L. guarapariensis*, *L. mareii* (Fehlbestimmung), *L. vicinus*, *Muraena maculipinnis* (Fehlbestimmung), *Murenophis vicina*, *Thyrsoidea cancellata* (Fehlbestimmung), *T. cormura*, *T. maculipinnis* (Fehlbestimmung), *T. marginata*

Trivialnamen:

Purpurmaulmuräne, Purple mouth moray, Brown moray

Verbreitung:

Atlantik: Bermuda-Inseln bis Brasilien; Kanaren, Azoren und Kap Verde

Maximallänge:

1,25 m

Gymnothorax vicinus ist eine unscheinbar gefärbte Art ohne markante Merkmale, die daher oft für Verwirrung und Schwierigkeiten bei der Bestimmung sorgt. Die Purpurmaulmuräne ist nahezu einheitlich braun gefärbt, und nur manchmal treten schwach ausgeprägte dunkle oder helle Flecken auf. Der Flossenrand kann schwarz sein, und jüngere Exemplare zeigen am unteren Teil des Flossensaums sowie an der Schwanzflosse zusätzlich einen weißen Rand. Das geöffnete Maul ist lila bis rötlich gefärbt. Die Augen sind gelblich.

Diese nachtaktive Muräne bewohnt Riffe und felsige Gebiete bis in größere Tiefen. Neben Tintenfischen und Fischen gehören auch Krebstiere zur Nahrung der Purpurmaulmuräne. Die Tiere sind sehr kräftig, und von unachtsamen Fischern und Anglern gefangene Exemplare haben ihnen oftmals beträchtliche Verletzungen zugefügt. Dennoch wird die Purpurmaulmuräne zumindest in den USA und in Brasilien auch als Aquarienfisch gehandelt. In den Zoohandel gelangen dabei vor allem noch sehr niedliche, winzig kleine Exemplare, die allerdings pro Jahr bis zu 20 cm an Länge zulegen können. Geeignet ist *G. vicinus* allenfalls für die Pflege in sehr großen Aquarien, und sie sollte nur mit großen Fischen vergesellschaftet werden, obwohl sie etwas weniger räuberisch ist als manche verwandte Spezies ähnlicher Größe. In der Natur teilen sich Purpurmaulmuränen ihre Höhlen bisweilen mit *G. moringa*. Im Aquarium sollten andere Muränen zur Vergesellschaftung unbedingt eine ähnliche Größe aufweisen, um nicht als Mahlzeit zu enden.

Purpurmaulmuräne (*Gymnothorax vicinus*) Foto: T. Allen

Gymnothorax woodwardi McCulloch, 1912

Trivialnamen:
Woodwards Muräne, Woodward's moray
Verbreitung:
Westaustralien
Maximallänge:
1,2 m

Woodwards Muräne zeichnet sich durch einen violetten Kopf sowie durch einen kräftig gebauten, hellgrau gefärbten Körper mit dunklem Netzmuster aus. Sie ähnelt in Statur und Zeichnung *G. berndti*, trägt im Gegensatz zu dieser Art aber kein Muster am Kopf. Ebenfalls ähnlich ist *G. ypsilon*, jedoch zeigt diese Spezies ein anderes Körpermuster, das aus dünnen, vertikalen Linien besteht. *Gymnothorax woodwardi* ist an der subtropischen Südwestküste Australiens recht häufig und kommt dort sowohl küstennah als auch in tieferen Bereichen vor. Woodwards Muräne wird gelegentlich

Woodwards Muräne (*Gymnothorax woodwardi*)
Foto: J. Mail

gefangen und auch in Aquarien gepflegt. Die Haltung der vermutlich sehr groß werdenden Spezies gelingt aber nur, wenn die dem natürlichen Lebensraum entsprechende, niedrige Wassertemperatur von 18–21 °C gewährleistet werden kann.

Gymnothorax zonipectis Seale, 1906

Synonyme:
Lycodontis zonipectis
Trivialnamen:
Streifenflossen-Muräne, Weißfleckenmuräne, Barred fin moray
Verbreitung:
Indopazifik: Ostafrika bis Marquesas-Inseln und Gesellschaftsinseln; bevorzugt in wärmeren Gewässern; nördlich nur bis zu den Philippinen verbreitet
Maximallänge:
50 cm

Die Streifenflossen-Muräne trägt an ihrer Körperseite vier Reihen von farnblattähnlich umrandeten, dunkelbraunen bis schwarzen Flecken. Ihre Grundfärbung variiert von Cremefarben bis Rotbraun. Die Streifen auf dem Flossensaum gaben der Art ihren deutschen Namen. Die Seitenlinienporen am Kiefer sind von weißen Flecken umgeben. Typisch ist

Streifenflossen-Muräne
Foto: M. J. Adams

Kopfporträt von *Gymnothorax zonipectis* Foto: B. Nies

auch ein schwarzer Fleck hinter dem Auge, der Streifenflossen-Muränen gut von Jungtieren der ansonsten sehr ähnlichen Art *Gymnothorax fimbriatus* unterscheidet. Ähnliche helle Flecken an Ober- und Unterkiefer, wie sie die Streifenflossen-Muräne zeigt, besitzen auch *G. chilospilus* und *G. robinsi*, denen die dunklen Flecken hinter den Augen jedoch ebenfalls fehlen. Der Körper von *G. chilospilus* weist im Gegensatz zur Streifenflossen-Muräne weiterhin ein eher dunkles Netzmuster mit vertikalen Streifen anstelle von Fleckenreihen auf. Außerdem besitzt die erstgenannte Art eine stumpfere Schnauzenform. Die schlanken Kiefer mit den zahlreichen, scharfen und nach hinten gebogenen Zähnen charakterisieren die Streifenflossen-Muräne als Fischräuber, der auch erstaunlich große Beutetiere überwältigen kann.

Der natürliche Lebensraum von *G. zonipectis* sind felsige Riffabschnitte – oft in großen Tiefen, manchmal aber auch in flacherem Wasser. Dort trifft man sie manchmal gemeinsam mit anderen Muränen an, z. B. mit *G. brunneus*, *G. buroensis* und *G. thyrsoideus*. Die Streifenflossen-Muräne ist eher nachtaktiv und lebt versteckt. Aufgrund ihrer geringen Größe ist sie für die Haltung durchaus gut geeignet. Am besten gelingt diese in einem Artenaquarium, weil nahezu alle anderen Fische und auch Krebstiere gefressen werden. Die Vergesellschaftung mit anderen Muränen ist allerdings möglich, sofern diese etwas größer sind als die Streifenflossen-Muräne. Im europäischen Zoohandel taucht die Art leider nur gelegentlich auf und wird dann oftmals falsch bestimmt.

Gattung *Monopenchelys*

Wichtigstes Merkmal dieser Gattung ist, dass der Flossensaum erst hinter dem After ansetzt. Damit liegt sie anatomisch gesehen zwischen der Unterfamilie Uropteryginae, bei der sich der Flossensaum ausschließlich auf den Schwanz beschränkt, und der Unterfamilie Muraeninae, deren Flossensaum meist bereits hinter den Kiemen beginnt. Tatsächlich gehört die Gattung *Monopenchelys* dennoch zu letztgenannter Unterfamilie. Der Name der Gattung kann mit „einzigartiger Aal" übersetzt werden, und die kleine Rotkopfmuräne (*M. acuta*) ist ihre einzige Art. Für die Aquaristik ist sie bislang ohne Bedeutung.

Gattung *Muraena*

Die elf Arten der Gattung *Muraena* leben im Atlantik sowie seinen tropischen und subtropischen Nebenmeeren. Außerdem findet man sie im östlichen Pazifik. Daraus lässt sich ableiten, dass die Gattung im Verlauf ihrer Entwicklungsgeschichte vermutlich vor der Hebung der mittelamerikanischen Landbrücke entstanden ist und sich von dort ausgebreitet hat. Wahrscheinlich existiert sie bereits seit etwa vier Millionen Jahren. Ähnlich wie manche Vertreter der Gattung *Enchelychore* besitzen *Muraena* spp. im Bereich der hinteren Nasenlöcher hornartig verlängerte Erhebungen, die ihnen ein drachenähnliches Aussehen verleihen. *Muraena*-Arten können allerdings ihr Maul vollständig schließen.

Muraena argus (Steindachnera, 1870)

Synonyme:
Gymnothorax argus
Trivialnamen:
Argus' Muräne, Weißpunktmuräne, White spotted moray, Argus moray
Verbreitung:
östlicher Pazifik: Mexiko bis Peru und um die Galapagos-Inseln
Maximallänge:
1 m

Muraena argus hat große, helle, ovale Flecken auf brauner Grundfarbe und darüber hinaus kleine, ebenfalls helle Punkte, die – mit viel Fantasie – an die unzähligen Augen des Riesen Argus aus der griechischen Mythologie erinnern und somit zu ihrem deutschen Namen geführt haben. Die zahlreichen Flecken und Punkte lassen auf dem braunen Untergrund eine Art Netzmuster entstehen. Zudem zeigt Argus' Muräne einen schwarzen Fleck am Kiemenausgang sowie einen großen, weißen Fleck am Unterkiefer. Ihre „Hörner" sind relativ klein, und auffällig sind die leuchtend gelben Augen.

Argus' Muräne bewohnt felsige Abhänge und Riffe und ernährt sich von Krebstieren, Fischen und möglicherweise auch von Tintenfischen. In den USA ist sie manchmal im Aquaristikhandel erhältlich, aber für den deutschen Markt noch ohne Bedeutung.

Argus' Muräne (*Muraena argus*) Foto: K. Sullivan

Muraena augusti (Kaup, 1856)

Muraena augusti

Kopfporträt der Fürst-August-Muräne
Zwei Fotos: B. Nies

Synonyme:
Muraena helena, Murenophis augusti, Thryrsoidea augusti

Trivialnamen:
Fürst-August-Muräne, Schwarze Muräne, Black moray

Verbreitung:
Ostatlantik: Azoren, Madeira, Kanaren und Kapverden

Maximallänge:
1,1 m

Die Fürst-August-Muräne ist hauptsächlich schwarz mit kleinen, weißen Punkten und auffälligen, weißen Augen. Anhand ihrer Färbung und der kleinen „Hörner" auf den hinteren Nasenlöchern ist sie von allen anderen Muränen gut zu unterscheiden. Am ähnlichsten ist ihr die Dunkle Hornmuräne (*M. retifera*), die allerdings durch ihre gelben, in Gruppen arrangierten Punkte ebenfalls einzigartig ist. Oft wurde die Fürst-August-Muräne als Synonym zu *Muraena helena* aufgefasst, doch aktuelle Untersuchungen konnten eindeutig nachweisen, dass es sich bei dieser aus dem Ostatlantik bekannten Spezies um eine eigenständige Art handelt. Weiterhin ergaben die dabei angestellten Analysen des Genmaterials, dass die Fürst-August-Muräne auch mit der Hornmuräne (*M. melanotis*) nahe verwandt ist.

Muraena augusti bewohnt Spalten in Felsriffen um die subtropischen ostatlantischen Inselgruppen und jagt hauptsächlich nachts. In Aquarien benötigt sie ihrem natürlichen Lebensraum entsprechend Temperaturen von etwa 18–20 °C.

Muraena clepsydra Gilbert, 1898

Trivialnamen:
Kiemenfleckmuräne, Eieruhrmuräne, White spotted moray, Hourglass moray

Verbreitung:
Golf von Kalifornien entlang der amerikanischen Westküste bis Peru; im Pazifik bis zu den Galapagos-Inseln

Maximallänge:
1 m

Von vielen anderen Muränen kann *M. clepsydra* leicht anhand des großen, schwarzen Flecks am Kiemenausgang unterschieden werden, der auffällig weiß eingerahmt ist und von einem weiteren, kleineren weißen Fleck am Unterkiefer ergänzt wird. In ihrer übrigen Färbung ähnelt sie den verwandten Arten *M. retifera* aus dem Atlantik und *M. argus* aus dem Ostpazifik: helle Punkte und Flecken breiten sich über dunklem Untergrund aus. Die Kiemenfleckmuräne zeigt jedoch keine rund geformten Flecken wie *M. argus*. Wie die Dunkle Hornmuräne und Argusmuräne hat auch die Kiemenfleckmuräne relativ kleine „Hörner". *Muraena clepsydra* ist die erste Muränenart, bei der ein echter Albino – also ein Individuum ohne Melanin-Farbpigmente in Haut und Iris – dokumentiert wurde.

Die Kiemenfleckmuräne bewohnt felsige, flache Riffabschnitte sowie felsige Abhänge. Dort ernährt sie sich von Krebsen, Fischen und vermutlich auch von Tintenfischen. In Deutschland ist sie für die Aquaristik wahrscheinlich noch nicht gehandelt worden, wenngleich ihr Import über Peru, Mexiko oder die USA denkbar ist.

Kiemenfleckmuräne (*Muraena clepsydra*) Foto: A. Dacosta

Muraena helena LINNAEUS, 1758

Synonyme:
Gymnothorax muraena, Limamuraena guttata, Muraena bettencourti, M. guttata, M. punctata, M. romana, M. variegata, Muraenophis bettencourti, M. fulva, M. helena, M. bettencourti, Thyrsoidea atlantica

Trivialnamen:
Mittelmeermuräne, Mediterranean moray, Marbled moray

Verbreitung:
Mittelmeer; Südengland, Nordfrankreich; Azoren und Kanaren bis an die Küste des Senegal; wandert über den Suez-Kanal vereinzelt ins Rote Meer ein

Maximallänge:
1,5 m

Muraena helena wird schon seit der Antike in Menschenhand gehalten - sie diente im alten Rom als Speise- und Zierfisch. Daher berichten auch bereits Schriften aus dieser Zeit über die Mittelmeermuräne. In der Natur trifft man *M. helena* vor allem in felsigen Gebieten mit vielfältigen Unterschlupfmöglichkeiten an - in Riffen ebenso wie in Schiffswracks. Die Färbung der Mittelmeermuräne ist variabel, auf den ersten Blick ist sie aber immer eher unscheinbar braun. Bei näherer Betrachtung löst sich das Braun jedoch oftmals in ein helles Fleckenmuster auf dunklem Untergrund auf. In den hellen Flecken sind wiederum dunklere Flecken zu finden. Schnauze und Kopf sind dunkel gefärbt, zumeist violett. Am Hinterkopf trägt die Mittelmeermuräne gattungstypische, hornartige, aber weiche Verlängerungen der hinteren Nasenlöcher. Sie besitzt ein imposantes Arsenal gebogener Zähne. Auf der Stirn zeigt *M. helena* haarähnliche Hautanhängsel, deren Funktion noch nicht bekannt ist. Mittelmeermuränen sind nachtaktiv und verfügen nicht über die Möglichkeit zum Geschlechtswechsel. Sie paaren sich im Winter, und ihre Eier sind etwa 5,5 mm groß. Bis zu 60.000 davon entlässt ein einziges Weibchen.

In Mittelmeerländern dient *M. helena* auch heute noch als Speisefisch. Dort erfreut sie sich auch als Pflegling vor allem in öffentlichen Großaquarien großer Beliebtheit. Aufgrund ihrer räuberischen Lebensweise sowie ihrer Größe und Kraft ist diese Spezies für gewöhnliche Heimaquarien kaum geeignet. Immerhin erreicht die Mittelmeermuräne eine Länge von bis zu 1,5 m und ein Gewicht von etwa 6 kg. Zudem ist sie ein aggressiver Fischräuber und nur in sehr großen Aquarien mit anderen, sehr großen Fischen zu vergesellschaften. Auch Krebstiere und Tintenfische gehören zu ihrem Nahrungsspektrum. Die Pflege in tropischen Riffaquarien ist nicht zu empfehlen, da *M. helena* wie die meisten Fische aus dem Mittelmeer niedrige Temperaturen unter 20 °C bevorzugt.

Mittelmeermuräne
Foto: P. Dug

Muraena lentiginosa Jenyns, 1842

Kopfporträt der Juwelenmuräne – man beachte die haarähnlichen Hautanhängsel Foto: L. Ilyes

Synonyme:
Lycodontis xanthospilus, Muraena aquaedulcis, M. insularum, M. pinta, Muraenophis marmoreus

Trivialnamen:
Juwelenmuräne, Mexikanische Drachenmuräne, Leopardenmuräne, Jewel moray eel, Mexican dragon eel

Verbreitung:
östlicher Pazifik: Galapagos-Inseln bis Golf von Kalifornien, entlang der amerikanischen Westküste bis Peru

Maximallänge:
61 cm

Die Juwelenmuräne ist ein relativ klein bleibender, nachtaktiver Räuber mit sehr spitzen, nach hinten gebogenen Zähnen. Sie bewohnt flache Riffbereiche und ernährt sich von Fischen und Krebstieren. In ihrem Verbreitungsgebiet ist *M. lentiginosa* sehr häufig.

Äußerlich zeichnet sich die Juwelenmuräne durch runde, gelbe Flecken aus, die von schwarzen Ringen eingefasst sind, die wie kleine Schmuckstücke wirken und der Art somit ihren deutschen Namen gaben. Je nach Herkunft gibt es bei der Färbung jedoch innerartliche Unterschiede. Exemplare von den Galapagos-Inseln sehen ein wenig „verwaschen" aus, denn ihre Zeichnung ist wesentlich weniger deutlich von der Grundfärbung abgegrenzt als bei Exemplaren aus anderen Regionen. Diese Tiere sind eher marmoriert, und möglicherweise werden sie sich in Zukunft noch als eigenständige Art herausstellen. Juwelenmuränen besitzen kurze, hornförmige Auswüchse an den hinteren Nasenlöchern, die an die rötliche Drachenmuräne (*Enchelycore pardalis*) erinnern. Auch die Schwarzohrmuräne (*Muraena pavonina*) kann ähnlich gefärbt sein wie *M. lentiginosa* – sie lässt sich aber einfach anhand ihrer längeren „Hörner" von der Juwelenmuräne unterscheiden. Wie die Mittelmeermuräne hat auch *M. lentiginosa* kleine, haarähnliche Anhängsel auf der Stirn sitzen, deren Funktion noch nicht bekannt ist. Das Gebiss der Juwelenmuräne ist nur bei offenem Maul sichtbar.

Für die Haltung ist die Juwelenmuräne aufgrund ihrer geringen Größe und hübschen Färbung eine attraktive Kandidatin. Leider ist sie aber wie andere Drachenmuränen sehr räuberisch, sodass eine Vergesellschaftung mit anderen Tieren nur sehr begrenzt möglich ist. Auch kleinere, schlanke Muränen können als Mahlzeit der Juwelenmuräne enden – die gemeinsame Pflege mit größeren Muränen ist aber ebenfalls problematisch, weil diese wiederum für die Juwelenmuräne eine Gefahr darstellen können. Darüber hinaus zeigt sich *M. lentiginosa* als nachtaktive Spezies auch im Aquarium oft nur nach Erlöschen der Beleuchtung. Aufgrund ihrer Herkunft aus dem östlichen Pazifik ist die Juwelenmuräne im US-amerikanischen Zoohandel recht populär. Sie gelangt auch nach Europa, wo sie allerdings verhältnismäßig teuer ist.

Muraena melanotis (Kaup, 1860)

Synonyme:
Limamuraena melanotis, Muraena albomarginata, Muraena retifera (Fehlbestimmung), *Muraenophis melanotis*

Trivialnamen:
Große Hornmuräne, Afrikanische Drachenmuräne, Atlantische Netzmuräne, Honey comb moray, African dragon moray, Brazilian dragon moray, Whiteear moray, West African Dragon moray

Verbreitung:
Atlantik: Mauretanien bis Namibia, vermutlich auch bis Südafrika, vielleicht außerdem im westlichen Atlantik südlich der Karibik

Maximallänge:
1,1 m

Hornmuräne im Fang eines Fischers Foto: D. Masters

Die Große Hornmuräne ist ein imposantes Tier – zum einen dank ihrer Farbe, zum anderen aber auch aufgrund der erstaunlichen Masse von bis zu 4 kg, die adulte Tiere erreichen können. *Muraena melanotis* trägt kleine, helle Flecken auf dunklem Untergrund und zeichnet sich zudem durch einen schwarzen Fleck am Kiemenausgang aus. Die Augen dieser Muräne sind gelblich, sie besitzt helle „Hörner", und die meisten Exemplare zeigen einen weißen Streifen am Rand der Rückenflosse.

Muraena melanotis kann mit der kleineren Schwarzohrmuräne (*M. pavonina*) verwechselt werden. Die Flecken dieser Art sind jedoch größer als bei der Großen Hornmuräne, und außerdem fehlt ihr der weiße Streifen an der Rückenflosse. Darüber hinaus sind ihre „Hörner" gefleckt, und die Schnauze ist dunkel, bei *M. melanotis* dagegen hell. Verwechslungsgefahr besteht auch, weil beide Arten ebenso wie *M. retifera* manchmal unter der Bezeichnung „Brazilian dragon moray" importiert werden.

Große Hornmuränen ernähren sich hauptsächlich von Krebstieren und weniger von Tintenfischen und Fischen. Im Aquarium sollten sie dennoch besser nicht mit kleineren Fischen vergesellschaftet werden. Aufgrund ihres kräftigen Körperbaus ist eine stabile Inneneinrichtung des Aquariums unabdingbar. *Muraena melanotis* wird gelegentlich aus dem südlichen Atlantik z. B. in die USA, nach Russland und nach Asien exportiert und dabei oft als „Westafrikanische Drachenmuräne" bezeichnet. Anscheinend wurde sie auch schon als blinder Passagier in Lebendgestein eingeführt.

Muraena pavonina RICHARDSON, 1845

Synonyme:
Muraena melanotis (Fehlbestimmung), *M. retifera* (Fehlbestimmung)

Trivialnamen:
Schwarzohrmuräne, Brasilianische Drachenmuräne, Kleine Hornmuräne, Weißfleckenmuräne, Brazilian dragon moray, Reticulate moray, Whitespot moray, Blackear morayl

Verbreitung:
Westatlantik: Brasilien, Zentralatlantischer Rücken, Ascension

Maximallänge:
85 cm

Muraena pavonina wird regelmäßig mit *M. retifera* und *M. melanotis* verwechselt, und dies gilt sowohl für wissenschaftliche Arbeiten als auch für Bestimmungsbücher und „Fischführer" für Hobbyisten. Typische Merkmale der Schwarzohrmuräne sind ein Muster aus großen, weißen Flecken sowie ihre dunklen, langen „Hörner" und ein großer, dunkler Kiemenfleck. Ihre Schnauze ist grau bis violett. In Aquarien verwandelt sich das weiße Fleckenmuster oft in eine Zeichnung aus grauen Flecken mit weißem Zentrum. Im naturlichen Lebensraum wird diese Umfärbung seltener beobachtet, und die Ursache für das Phänomen ist noch unbekannt.

Muraena pavonina bewohnt flache Bereiche von Riffen und teilt sich ihren Unterschlupf oft mit Artgenossen oder anderen Arten wie z. B. *Gymnothorax miliaris*. Bei St. Paul, Brasilien, findet man sie in seltenen Fällen auch gemeinsam mit der Großen Hornmuräne (*Muraena melanotis*) – eine Lebensgemeinschaft, die aus Sicherheitsgründen aber besser nicht auf die Haltung im Aquarium übertragen werden sollte. Die Schwarzohrmuräne erfreut sich wegen ihrer auffälligen Zeichnung und ihrer beeindruckenden Silhouette mit der hohen Rückenflosse bei Aquarianern großer Beliebtheit. Unter der Bezeichnung „Brasilianische Drachenmuräne" wird sie praktisch nur aus Brasilien nach Europa eingeführt und ist im Zoohandel verhältnismäßig teuer.

Wie die Hawaii-Drachenmuräne (*Enchelycore pardalis*) ist auch die Schwarzohrmuräne sehr räuberisch und aggressiv gegenüber Mitbewohnern, sodass eine Vergesellschaftung mit

Muraena pavonina – Exemplare mit grauen (oben) und weißen Flecken (unteres Tier)

den allermeisten Fischen und Krebstieren unmöglich ist. Höchstens die gemeinsame Pflege mehrerer Schwarzohrmuränen kann gelingen – aufgrund des Temperaments dieser Tiere ist aber auch hierbei Vorsicht geboten. Die Pflege eines Einzeltieres in einem Artenaquarium ist die beste Lösung.

Erfreulicherweise nimmt diese Art sehr schnell Ersatzfutter an. Bei der Fütterung durchbrechen manche Exemplare die Wasseroberfläche und schnellen ihrem Pfleger entgegen, der sich vor ihrem scharfen Gebiss hüten sollte.

Altes, beinahe weißes Exemplar der Schwarzohrmuräne
Foto: caliban23

Muraena retifera Goode & Bean, 1882

Dunkle Hornmuräne Foto: Passage Productions, NOAA

Synonyme:
Muraena melanotis (Fehlbestimmung)

Trivialnamen:
Dunkle Hornmuräne, Atlantische Netzmuräne, Brazilian dragon moray, Reticulate moray

Verbreitung:
Westatlantik: südliche Ostküste der USA, Golf von Mexiko bis Venezuela

Maximallänge:
80 cm

Muraena retifera ist eine mittelgroße Muräne mit relativ schmalem Kopf, aber breitem Körper und nur kleinen „Hörnern". Ihre Grundfarbe ist Dunkelgrau bis Braunschwarz, und darauf findet sich ein Muster aus kleinen, gelblichen Punkten. Diese sind in Gruppen angeordnet, wodurch die Dunkle Hornmuräne von *M. melanotis* und *M. pavonina* unterschieden werden kann, mit denen sie zuweilen verwechselt wird, die jedoch eher eine Art Netzmuster aufweisen. Diese beiden Spezies besitzen zudem deutlich längere „Hörner". Typisch für die Dunkle Hornmuräne ist ein schwarzer Fleck am Kiemenausgang, der auf der dunklen Grundfarbe aber nicht immer deutlich zu erkennen ist. Das offensichtlichste Merkmal von *M. retifera* ist gewiss ihre gelbe Punktzeichnung.

Die Dunkle Hornmuräne ernährt sich von Fischen, Tintenfischen und Krebstieren und bewohnt Riffhänge in größerer Wassertiefe. Aufgrund dessen ist auch zweifelhaft, ob es sich bei den bislang für die Aquaristik importierten Exemplaren tatsächlich um *M. retifera* handelt oder möglicherweise um eine andere, ähnliche *Muraena*-Art, z. B. *M. pavonina*.

Gattung *Pseudechidna*

Diese wahrscheinlich nahe mit den Nasenmuränen verwandte Gattung enthält nur eine einzige Art, die aber relativ häufig im Handel anzutreffen ist: *Pseudechidna brummeri*. Sie wird jedoch oft unter falscher Bezeichnung importiert.

Pseudechidna brummeri (Bleeker, 1859)

Synonyme:
Gymnothorax megapterus, Lycodontis phasmatodes (Fehlbestimmung), *Muraena brummeri, M. taenioides, Strophidon polyodon, S. brummeri, Uropterygius concolor* (Fehlbestimmung)

Trivialnamen:
Weiße Bandmuräne, Weiße Geistermuräne, Gespenstermuräne, White ribbon eel, Ghost ribbon eel

Verbreitung:
Indopazifik: Ostafrika bis Samoa

Maximallänge:
1,2 m

Die Weiße Bandmuräne ähnelt in vielerlei Hinsicht der Nasenmuräne (*Rhinomuraena quasita*). Sie ist auch in gleichem Maß und mit denselben Einschränkungen für die Pflege im Aquarium geeignet. Der Körperbau beider Arten ist ebenfalls vergleichbar, doch sind die Nasenlöcher der Weißen Bandmuräne nicht so spektakulär verlängert wie bei *R. quasita*. Sie ist einfarbig hellgrau bis cremefarben gefärbt, und am äußeren Rand des Flossensaums trägt sie einen weißen Streifen.

Leider wurde diese Muräne sowohl in der populärwissenschaftlichen Literatur als auch in wissenschaftlichen Datenbanken oft fälschlich als *Uropterygius concolor* bezeichnet, und mittlerweile hat sich dieser falsche Name etabliert. Die Zuweisung zur Gattung *Uropterygius* ist aber völlig aus der Luft gegriffen, weil der ausgeprägte Flossensaum sowie die Kopfform der Weißen Bandmuräne überhaupt nicht den Merkmalen dieser Gattung entsprechen. Die echten Vertreter von *U. concolor* sind im Übrigen einheitlich gelblich bis hellbraun gefärbt, und zudem fehlen ihnen die schwarzen Punkte, die Weiße Bandmuränen am Kopf tragen. Au-

Kopfporträt der Weißen Bandmuräne
Foto: D. Knop

Pseudechidna brummeri

ßerdem bleibt *U. concolor* mit nur 50 cm Länge deutlich kleiner als *Pseudechidna brummeri*. Der ebenfalls der Weißen Bandmuräne ähnelnden Art *Gymnothorax phasmatodes* fehlen ebenfalls die zahlreichen schwarzen Punkte am Kopf, jedoch besitzt sie wie die Weiße Bandmuräne einen hellen Streifen am Flossensaum.

Weiße Bandmuränen bewohnen Lagunen und flache Riffbereiche, wo sie sich wie Nasenmuränen manchmal in den Sand eingraben oder unter Geröll verstecken. Sie ernähren sich von kleinen Fischen und Krebstieren. Exemplare von *P. brummeri* können ihr Geschlecht nicht wechseln.

Im Aquarium ist die Weiße Bandmuräne ein unproblematischer Pflegling, sofern es gelingt, sie an Ersatzfutter zu gewöhnen. Dies kann sich wie bei der Nasenmuräne recht schwierig gestalten und erfordert zumeist den Einsatz von Lebendfutter sowie eine Menge Geduld. Am besten ist es, sich bereits vor dem Kauf im Zoohandel mit einer Testfütterung zeigen zu lassen, dass das ausgewählte Exemplar frisst. Bei der Vergesellschaftung sollte auf zu kleine Fische ebenso verzichtet werden wie auf zu große, die wiederum der Weißen Bandmuräne gefährlich werden können. Auch manche größere Muränen fressen *P. brummeri*, die zwar eine sehr große Körperlänge erreicht, dabei aber sehr dünn ist und somit leicht verspeist werden kann.

In Deutschland ist die Weiße Bandmuräne relativ häufig im Handel zu finden, meist jedoch unter falschem Namen. Üblicherweise wird sie aus Indonesien und Ostafrika (z. B. Mosambik) importiert.

Kopfporträt der Weißen Bandmuräne
Foto: M.J. Adams

Gattung *Rhinomuraena*

Diese Gattung enthält nur eine Art, nämlich die Nasenmuräne, die zu den Arten gehört, die am häufigsten in Aquarien gepflegt werden.

Rhinomuraena quaesita Garman, 1888

Zwei blaue Exemplare der Nasenmuräne im Aquarium Foto: www.wildlife.de

Synonyme:
Rhinomuraena amboinensis

Trivialnamen:
Nasenmuräne, Geistermuräne, Blattnasenmuräne, Ribbon eel

Verbreitung:
Indopazifik: Ostafrika bis zu den Marshall-Inseln und Französisch-Polynesien; vom südlichen Japan bis zum nördlichen Australien

Maximallänge:
1,3 m

Die Nasenmuräne – häufig auch als Geistermuräne bezeichnet – ist neben der Sternchenmuräne und der Zebramuräne eine der am häufigsten für die Aquaristik gehandelten Muränenarten. Bei Aquarianern beliebt sind Nasenmuränen vor allem aufgrund ihrer kontrastreichen Färbung und der bizarren Verlängerungen der Kiefer, die ein wenig an Fabelwesen wie z. B. Drachen erinnern. *Rhinomuraena quaesita* wird zwar sehr lang, bleibt aber auch adult sehr schlank und frisst vor allem sehr kleine Fische, weshalb sie mit mittelgroßen bis großen Tieren vergesellschaftet werden kann. Neben Grundeln und anderen kleinen Fischen sind auch kleinere Garnelen in der Gefahr, gefressen zu werden. Mit anderen Tieren, beispielsweise mit Seepferdchen, können Nasenmuränen in der

Schwarzes, also juveniles Exemplar von *R. quaesita*

Regel gut vergesellschaftet werden. Sie sind zudem hervorragend für die Pflege als Gruppe geeignet. Mehrere Exemplare teilen sich gerne einen Unterschlupf, und wenn sie gemeinsam ihre Köpfe hinausstrecken, dann wirken mehrere Nasenmuränen wie eine lernäische Hydra, die sagenumwobene Schlange mit vielen Köpfen.

Der einzige Problemfaktor bei der Aquarienpflege von *R. quaesita* ist die oftmals sehr schwierige Gewöhnung an Ersatzfutter. Idealerweise lässt man sich vor dem Kauf im Fachhandel die Fütterung vorführen, um sicherzugehen, dass das Tier nicht bereits monatelang ohne Futter auskommen musste und im eigenen Aquarium in kurzer Zeit verhungert. Bei der Pflege als Gruppe erfolgt die Gewöhnung an Ersatzfutter oft schneller als bei Einzelhaltung, weil der Futterneid hierbei eine Rolle spielt. Ein geöffnetes Maul gehört auch bei Nasenmuränen zum Drohverhalten, das jedoch meist eher aus Angst als aus Aggression gezeigt wird. Bei einer ausgewogenen Ernährung und guter Pflege können Nasenmuränen im Aquarium ein Alter von über 15 Jahren erreichen. Leider werden Nasenmuränen für den Zierfischhandel oft mit Cyanid gefangen und sind schon schwer geschädigt, wenn sie in ihrem neuen Zuhause einziehen. Weil sich dies beim Kauf in der Regel nicht erkennen lässt, ist der Pfleger gegenüber diesem Problem aber machtlos.

Nasenmuränen vollziehen im Lauf ihres Lebens eine Geschlechtsumwandlung, die von einem spektakulären Farbwechsel begleitet wird. Sie beginnen ihr Leben als schwarz gefärbte, juvenile Männchen mit einem strahlend gelben Flossensaum. Bei Erreichen der Geschlechtsreife (zumeist bei einer Körperlänge von etwa 65 cm) wird die schwarze Farbe durch ein tiefes Blau ersetzt, und ein Teil des Gesichtes sowie der Unterkiefer färben sich gelb. Nach einigen Jahren als Männchen ändert sich das Geschlecht der Tiere. Mit einer Länge von etwa 1 m werden alle Nasenmuränen zu Weibchen. Dabei wird die blaue Färbung schrittweise von einem hellen Orange verdrängt. Im Aquarium verläuft diese Geschlechtsumwandlung allerdings zu-

Gelbes, also weibliches Exemplar von *Rhinomuraena quaesita* Foto: www.wildlife.de

Blaues, also männliches Exemplar von *Rhinomuraena quaesita* Foto: www.wildlife.de

meist deutlich langsamer und manchmal auch unregelmäßiger als in der Natur. Manchmal gerät der Zusammenhang zwischen Körperfarbe und Geschlecht unter Aquarienbedingungen aus dem Gleichgewicht. Zuweilen kann beobachtet werden, dass sich die Umwandlung vom schwarzen Jungtier zum blauen, geschlechtsreifen Männchen wieder umkehrt, und ebenso ist es möglich, dass die blaue Phase übersprungen wird und Jungtiere direkt zum Gelborange adulter Weibchen wechseln. In Einzelfällen kam es sogar schon vor, dass von Blau zu Schwarz rückumgefärbte Tiere befruchtete Eier gelegt haben – es sich tatsächlich und in Widerspruch zur Körperfarbe also um geschlechtsreife Weibchen handelte. Befruchtet wurden die Eier in diesem Fall von einem ebenfalls von Blau zu Schwarz rückumgefärbten Männchen.

Es ist davon auszugehen, dass solche Anomalien aus der Tatsache resultieren, dass im Aquarium von der Jahreszeit abhängige Parameter wie z. B. die Tageslänge keine Rolle spielen, die in der Natur aber möglicherweise die Umfärbung und die Veränderung des Geschlechts steuern. Möglicherweise sind auch Hormone ursächlich, die sich im begrenzten Wasservolumen eines Aquariums anreichern und eine naturgemäße Geschlechts- und Farbumwandlung behindern. Eine möglichst naturnahe Ausstattung des Aquariums – z. B. mit einem Mondlicht, das dem natürlichen Mondzyklus angepasst ist – könnte hier zumindest hilfreich sein. Abgesehen von der Farbe lässt sich das Geschlecht von Nasenmuränen auch anhand ihres Gebisses feststellen. Weibchen haben prinzipiell mehr Zähne als Männchen und Jungtiere. Eine biologische Besonderheit, die *R. quaesita* von allen anderen Wirbeltieren unterscheidet, ist, dass ihre Nieren sowie der Großteil der Geschlechtsorgane hinter dem Afterausgang liegen. Dabei handelt es sich wahrscheinlich um eine anatomische Anpassung an die extrem lang gestreckte Körperform.

In der Natur bewohnen Nasenmuränen neben felsigen Riffen auch sandige Lagunen, in

Rhinomuraena quaesita Foto: D. Knop

denen sie bereits vorhandene Baue anderer Tiere benutzen und diese mit ihrem klebrigen Hautschleim verstärken. Nasenmuränen sind oftmals sehr standorttreu und kehren nach Jagdausflügen in immer dasselbe Versteck zurück. Sie ernähren sich hauptsächlich von kleinen Fischen, aber auch von Garnelen und anderen kleinen Krebstieren. Mit anderen Muränen – außer vielleicht mit der Weißen Bandmuräne – und anderen aggressiven Fischen sollte man Nasenmuränen nicht vergesellschaften. Selbst sehr kleine, aber aggressiv ihre Brut verteidigende Fische wie z. B. Riffbarsche sind keine gute Gesellschaft für diese sensiblen Muränen.

Schwarzes Exemplar der Nasenmuräne im Aquarium

Gattung *Scuticaria*

Die Gattung *Scuticaria* enthält drei gültige Arten, die sich anhand ihrer stumpfen Schnauzen und kurzen Schwänze relativ einfach von den meisten anderen Muränen unterscheiden lassen. Anhand ihrer stark reduzierten Flossensäume ist ihre Zugehörigkeit zur Unterfamilie Uropterygiinae zu erkennen.

Scuticaria tigrina (Lesson, 1828)

Kopfporträt der Tigermuräne
Foto: S. Jenness

Synonyme:
Gymnomuraena tigrina, Ichthyophis tigrinus, Uropterygius tigrinus

Trivialnamen:
Tigermuräne, Getigerter Riffaal, Tiger reef eel, Spotted eel, Spotted snake moray, Leopard moray

Verbreitung:
Indopazifik: Ostafrika bis Mexiko

Maximallänge:
1,2 m

Die Tigermuräne zeichnet sich durch ein Muster aus dunkelbraunen, großen und kleinen Flecken aus, die sich auf cremefarbenem Untergrund befinden. Tatsächlich „getigert" ist sie nicht, weshalb der deutsche Trivialname etwas unglücklich gewählt erscheint. Die abgerundete Kopfform, die an die Zebramuräne und die Muränen der Gattung *Echidna* erinnert, sowie ihre relativ kurzen Zähne charakterisieren die Tigermuräne als Krebstierfresser. Sie ist allerdings nicht wählerisch und erbeutet bei Gelegenheit auch kleine Fische. Die Tigermuräne kann mit der Art *Uropterygius polyspilus* verwechselt werden, die ebenfalls im Indopazifik von Afrika bis Hawaii verbreitet ist. Diese zeigt jedoch ausschließlich große Flecken, die kleineren Flecken der Tigermuräne fehlen ihr. Außerdem hat diese Art kleine Zipfel an den hinteren Nasenlöchern anstatt kurzer Röhren wie bei *Scuticaria tigrina*.

Die Tigermuräne lebt in der Natur sowohl auf sandigem Untergrund in Lagunen als auch versteckt inmitten von Korallenriffen. Sie ist hauptsächlich nachtaktiv. Für das Aquarium ist diese schöne Muräne nur unter Vorbehalt zu empfehlen, weil sie sehr groß und kräftig wird und zudem nur schwer an totes Futter zu gewöhnen ist. Allerdings ist die Tigermuräne etwas umgänglicher als viele andere Arten dieser Größe, z. B. aus der Gattung *Gymnothorax*.

Tigermuräne (*Scuticaria tigrina*) Foto: J. Oberguggenberger

Gattung *Strophidon*

Diese Gattung enthält nur eine Art: *Strophidon sathete*. Sie findet sich in der Literatur oftmals noch unter dem Synonym *Thyrsoidea macrura*.

Strophidon sathete (Hamilton, 1822)

Pampan (*Strophidon sathete*) Foto: J. Randall

Synonyme:

Evenchelys macrurus, Gymnothorax prolatus (Fehlbestimmung), *G. sathete, Lycodontis sathete, Muraena macrurus, M. sathete, Muraenophis sathete, Strophidon ui, Thyrsoidea macrura*

Trivialnamen:

Pampan, Pompa, Süßwassermuräne, Slender giant moray, Longtail moray

Verbreitung:

Rotes Meer und Ostafrika bis Westpazifik

Maximallänge:

4 m

Der Pampan ist eine sehr schlanke Muräne mit einem langen Kopf, tief eingeschnittenem Maul und weit vorne liegenden Augen. Er ist einfarbig braun, und manchmal wird er im Handel mit anderen braunen, schlanken Muränen wie z. B. *Gymnothorax phasmatodes* verwechselt – diese Art hat im Gegensatz zum Pampan aber einen weiß umrandeten Flossensaum, und grundsätzlich zeigt keine *Gymnothorax*-Art eine ähnliche Kopfform wie der Pampan. *Strophidon sathete* ist im Deutschen auch als „Süßwassermuräne" oder Pompa bekannt. Manchmal wird der Name Pompa oder Pampan auch für die Riesenmuräne (*Gymnothorax javanicus*) benutzt. Mit bis zu 4 m Länge ist der Pampan die Längste aller bekannten Muränen. Dabei bleibt diese Art allerdings deutlich schlanker und leichter als die großen Vertreter der Gattung *Gymnothorax* wie z. B. Riesen-, Netz- oder Rußkopfmuränen.

Der Pampan ist dafür bekannt, weit in Flussmündungen vorzudringen. Ansonsten bevorzugt er eher schlammiges bis sandiges

Substrat. Oft findet man diese Tiere im Gezeitenbereich, wo sie sich mit ihrem Schwanz am Substrat verankern, während sie mit dem Kopfende nur knapp unter der Wasseroberfläche nach Beute Ausschau halten, die aus Fischen und Krebstieren besteht. Nur selten gelangt der Pampan in den Aquaristikhandel, und aufgrund seiner immensen Größe ist er für die Pflege in gewöhnlichen Heimaquarien auch nicht geeignet. Einerseits ist der Pampan ein gefährliches Tier, weil er über ein sehr begrenztes Sehvermögen verfügt und deshalb bei Futtergeruch oftmals wild um sich beißt, aber andererseits ist er sehr anfällig gegenüber Attacken anderer großer Räuber.

Strophidon sathete, Radierung um 1911, Bleeker
The fishes of the Indo-Australian Archipelago p. 293

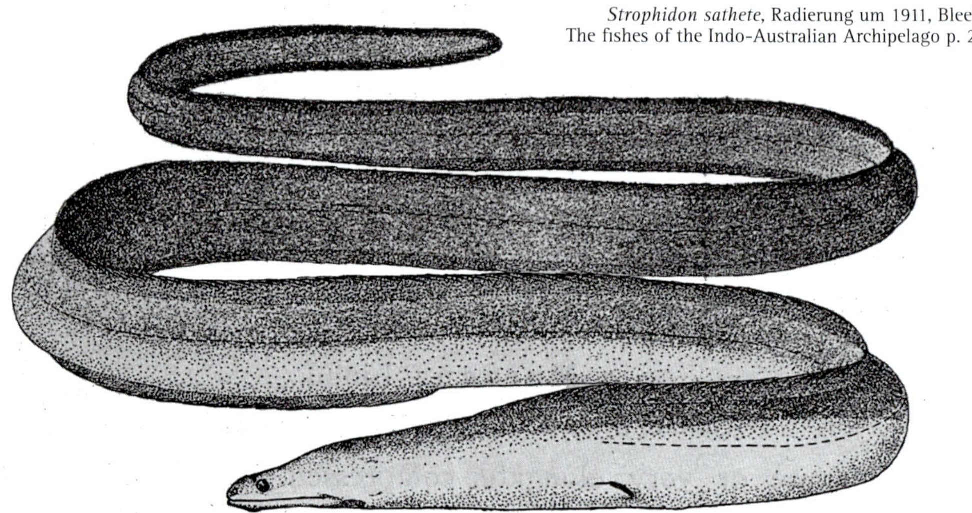

Gattung *Uropterygius*

Die Gattung *Uropterygius* mit ihren etwa 19 Arten ähnelt in vielerlei Hinsicht ihrer Schwestergattung *Anarchias*. Bei beiden Gattungen ist der Flossensaum auf den hintersten Teil des Körpers beschränkt, und aufgrund der kleinen Rückenflosse aller Arten werden die Vertreterinnen beider Gattungen im englischsprachigen Raum als „Snake eels" oder „Snake morays" – also Schlangenmuränen – bezeichnet. Anders als bei *Anarchias*-Arten liegen bei *Uropterygius* spp. die Kopfporen deutlich von den hinteren Nasenlöchern entfernt. Von *U. fasciolatus* und *U. polysilus* ist bekannt, dass sich das Geschlecht im Lauf des Lebens von weiblich zu männlich ändert.
Gelegentlich werden unbeabsichtigt kleine Muränen in Lebendgestein importiert, die wahrscheinlich dieser Gattung zuzuordnen sind. Auf diesem Weg wurden bereits *U. kamar*, *U. micropterus* sowie *U. macrocephalus* eingeführt und in Aquarien gepflegt. Es handelt sich dabei um kleine Arten (30–40 cm), die sich auch für die Pflege in kleinen Aquarien eignen würden, weshalb ihr gezielter Import wünschenswert wäre. Selbiges gilt auch für die mit rund 50 cm etwas größere Art *U. fasciolatus*, die durch paarige, hornartige Anhängsel an den hinteren Nasenlöchern auffällt.
Uropterygius spp. leben meist gut versteckt in Korallenriffen, und Taucher bekommen die scheuen Tiere praktisch nie zu Gesicht. Nur wenige Spezies (z. B. *Uropterygius concolor*) dringen auch in andere Biotope wie z. B. Seegraswiesen, Lagunen oder Flussmündungen vor.

Gymnothorax afer, Zeichnung um 1880, unbekannter Künstler

Weitere im Aquarium gehaltene Arten

Einige weitere nicht in den Artenporträts im Detail aufgeführten Muränenarten wurden bereits selten in Aquarien gehalten. Teils geschah dies nur kurz für wissenschaftliche Untersuchungen, teils ist nicht belegt, ob die Tiere korrekt identifiziert wurden. Da es jedoch durchaus vorstellbar scheint, dass diese wieder in Aquarien gelangen, sollen sie hier aufgeführt werden.

E
Enchelycore bayeri
Enchelycore carychoa
Enchelycore lichenosa
Enchelycore nycturanus

G
Gymnothorax afer (Bestimmung fragwürdig)
Gymnothorax brunneus
Gymnothorax buroensis
Gymnothorax castelei
Gymnothorax chilospilus
Gymnothorax hepaticus
Gymnothorax herrei
Gymnothorax megaspilus (Bestimmung sehr fragwürdig)
Gymnothorax niphostigmus
Gymnothorax obesus (Bestimmung fragwürdig)
Gymnothorax minor (Best. fragwürdig, auf jeden Fall eine Art der „*reticularis*-Gruppe")
Gymnothorax reevesii
Gymnothorax reticularis (Best. fragwürdig, auf jeden Fall eine Art der „*reticularis*-Gruppe")
Gymnothorax shaoi

M
Muraena robusta (Bestimmung fragwürdig)

S
Scuticaria okinawae

U
Uropterygius fasciolatus
Uropterygius fuscoguttatus
Uropterygius kamar (Bestimmung fragwürdig)
Uropterygius micropterus
Uroptyerygius macrocephalus

Kapitel 9

Arten im Überblick

Gymnothorax griseus

Die nachfolgende Liste enthält sämtliche derzeit gültigen Muränenarten. Sie reicht von der vor über 250 Jahren beschriebenen *Muraena helena* bis zu den erst 2010 beschriebenen Spezies *Anarchias exulatus* und *A. schultzi.* Die Aufstellung spiegelt allerdings lediglich den aktuellen Forschungsstand wieder – um tatsächlich alle weltweit lebenden Muränenarten erfassen zu können, ist noch eine Menge wissenschaftliche Arbeit erforderlich.

Gymnothorax eurostus

Gymnothorax griseus Foto: J. Oberguggenberger

Gymnothorax flavimarginatus

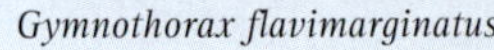

Gymnothorax javanicus Foto: J. Oberguggenberger

Echidna nebulosa

Gymnothorax dovii Foto: A. Dacosta

Gymnothorax funebris Foto: R. Bilcliff

Gymnothorax miliaris

■ A

Anarchias allardicei Jordan & Starks, 1906
A. cantonensis (Schultz, 1943)
A. euryurus (Lea, 1913)
A. exulatus Reece, Smith & Holm, 2010
A. galapagensis (Seale, 1940)
A. leucurus (Snyder, 1904)
A. longicaudis (Peters, 1877)
A. maldiviensis Klausewitz, 1964
A. schultzi Reece, Smith & Holm, 2010
A. seychellensis Smith, 1962
A. similis (Lea, 1913)
A. supremus McCosker & Stewart, 2006

■ C

Channomuraena bauchotae Saldanha & Quéro, 1994
C. vittata (Richardson, 1845)

Cirrimaxilla formosa Chen & Shao, 1995

■ D

Diaphenchelys pelonates McCosker & Randall, 2007

■ E

Echidna amblyodon (Bleeker, 1856)
E. catenata (Bloch, 1795)
E. delicatula (Kaup, 1856)
E. leucotaenia Schultz, 1943
E. nebulosa (Ahl, 1789)
E. nocturna (Cope, 1872)
E. peli (Kaup, 1856)
E. polyzona (Richardson, 1845)
E. rhodochilus Bleeker, 1863
E. unicolor Schultz, 1953
E. xanthospilos (Bleeker, 1859)

Enchelycore anatina (Lowe, 1837)
E. bayeri (Schultz, 1953)
E. bikiniensis (Schultz, 1953)
E. carychroa Böhlke & Böhlke, 1976
E. kamara Böhlke & Böhlke, 1980
E. lichenosa (Jordan & Snyder, 1901)
E. nigricans (Bonnaterre, 1788)
E. nycturanus Smith, 2002
E. octaviana (Myers & Wade, 1941)
E. pardalis (Temminck & Schlegel, 1846)
E. ramosa (Griffin, 1926)
E. schismatorhynchus (Bleeker, 1853)
E. tamarae Prokofiev, 2005

Enchelynassa canina (Quoy & Gaimard, 1824)

■ G

Gymnomuraena zebra (Shaw, 1797)

Gymnothorax bacalladoi Böhlke & Brito, 1987
G. baranesi Smith, Brokovich & Einbinder, 2008
G. bathyphilus Randall & McCosker, 1975
G. berndti Snyder, 1904
G. breedeni McCosker & Randall, 1977
G. buroensis (Bleeker, 1857)
G. castaneus (Jordan & Gilbert, 1883)
G. castlei Böhlke & Randall, 1999
G. cephalospilus Böhlke & McCosker, 2001
G. chilospilus Bleeker, 1864
G. chlamydatus Snyder, 1908
G. conspersus Poey, 1867
G. cribroris Whitley, 1932
G. davidsmithi McCosker & Randall, 2008
G. dorsalis Seale, 1917
G. dovii (Günther, 1870)
G. elegans Bliss, 1883
G. emmae Prokofiev, 2010
G. enigmaticus McCosker & Randall, 1982
G. equatorialis (Hildebrand, 1946)
G. eurostus (Abbott, 1860)
G. eurygnathos Böhlke, 2001
G. favagineus Bloch & Schneider, 1801
G. fimbriatus (Bennett, 1832)
G. flavimarginatus (Rüppell, 1830)
G. flavoculus (Böhlke & Randall, 1996)
G. formosus Bleeker, 1864
G. funebris Ranzani, 1839
G. fuscomaculatus (Schultz, 1953)
G. gracilicauda Jenkins, 1903
G. griseus (Lacepède, 1803)
G. hansi Heemstra, 2004
G. hepaticus (Rüppell, 1830)
G. herrei Beebe & Tee-Van, 1933
G. hubbsi Böhlke & Böhlke, 1977
G. intesi (Fourmanoir & Rivaton, 1979)
G. isingteena (Richardson, 1845)
G. javanicus (Bleeker, 1859)
G. johnsoni (Smith, 1962)
G. kidako (Temminck & Schlegel, 1846)
G. kolpos Böhlke & Böhlke, 1980
G. kontodontos Böhlke, 2000
G. longinquus (Whitley, 1948)
G. maderensis (Johnson, 1862)
G. mareei Poll, 1953
G. margaritophorus Bleeker, 1864
G. marshallensis (Schultz, 1953)
G. mccoskeri Smith & Böhlke, 1997
G. megaspilus Böhlke & Randall, 1995
G. melanosomatus Loh, Shao & Chen, 2011
G. melatremus Schultz, 1953
G. meleagris (Shaw, 1795)
G. microspila (Günther, 1870)
G. microstictus Böhlke, 2000
G. miliaris (Kaup, 1856)
G. minor (Temminck & Schlegel, 1846)
G. moluccensis (Bleeker, 1864)
G. monochrous (Bleeker, 1856)
G. monostigma (Regan, 1909)
G. mordax (Ayres, 1859)
G. moringa (Cuvier, 1829)
G. nasuta de Buen, 1961
G. neglectus Tanaka, 1911
G. nigromarginatus (Girard, 1858)
G. niphostigmus Chen, Shao & Chen, 1996

G. *nubilus* (Richardson, 1848)
G. *nudivomer* (Günther, 1867)
G. *nuttingi* Snyder, 1904
G. *obesus* (Whitley, 1932)
G. *ocellatus* Agassiz, 1831
G. *panamensis* (Steindachner, 1876)
G. *parini* Collette, Smith & Böhlke, 1991
G. *phalarus* Bussing, 1998
G. *phasmatodes* (Smith, 1962)
G. *philippinus* Jordan & Seale, 1907
G. *pictus* (Ahl, 1789)
G. *pikei* Bliss, 1883
G. *pindae* Smith, 1962
G. *polygonius* Poey, 1875
G. *polyspondylus* Böhlke & Randall, 2000
G. *polyuranodon* (Bleeker, 1854)
G. *porphyreus* (Guichenot, 1848)
G. *prasinus* (Richardson, 1848)
G. *prionodon* Ogilby, 1895
G. *prismodon* Böhlke & Randall, 2000
G. *prolatus* Sasaki & Amaoka, 1991
G. *pseudoherrei* Böhlke, 2000
G. *pseudothyrsoideus* (Bleeker, 1853)
G. *punctatofasciatus* Bleeker, 1863
G. *punctatus* Bloch & Schneider, 1801
G. *randalli* Smith & Böhlke, 1997
G. *reevesii* (Richardson, 1845)
G. *reticularis* Bloch, 1795
G. *richardsonii* (Bleeker, 1852)
G. *robinsi* Böhlke, 1997
G. *rueppelliae* (McClelland, 1844)
G. *sagenodeta* (Richardson, 1848)
G. *sagmacephalus* Böhlke, 1997
G. *saxicola* Jordan & Davis, 1891
G. *serratidens* (Hildebrand & Barton, 1949)
G. *shaoi* Chen & Loh, 2007
G. *sokotrensis* Kotthaus, 1968
G. *steindachneri* Jordan & Evermann, 1903
G. *taiwanensis* Chen, Loh & Shao, 2008
G. *thyrsoideus* (Richardson, 1845)
G. *tile* (Hamilton, 1822)
G. *undulatus* (Lacepède, 1803)
G. *unicolor* (Delaroche, 1809)
G. *vagrans* (Seale, 1917)
G. *verrilli* (Jordan & Gilbert, 1883)
G. *vicinus* (Castelnau, 1855)
G. *walvisensis* Prokofiev, 2009
G. *woodwardi* McCulloch, 1912
G. *ypsilon* Hatooka & Randall, 1992
G. *zonipectis* Seale, 1906

■ M
Monopenchelys acuta (Parr, 1930)

Muraena appendiculata (Guichenot, 1848)
M. *argus* (Steindachner, 1870)
M. *augusti* (Kaup, 1856)
M. *clepsydra* Gilbert, 1898
M. *helena* Linnaeus, 1758
M. *insularum* Jordan & Davis, 1891
M. *lentiginosa* Jenyns, 1842
M. *melanotis* (Kaup, 1860)
M. *pavonina* Richardson, 1845
M. *retifera* Goode & Bean, 1882
M. *robusta* Osório, 1911

■ P
Pseudechidna brummeri (Bleeker, 1859)

■ R
Rhinomuraena quaesita Garman, 1888

■ S
Scuticaria marmoratus (Lacepède, 1803)
S. *okinawae* (Jordan & Snyder, 1901)
S. *tigrina* (Lesson, 1828)

Strophidon sathete (Hamilton, 1822)

■ U
Uropterygius concolor Rüppell, 1838
U. *fasciolatus* (Regan, 1909)
U. *fuscoguttatus* Schultz, 1953
U. *genie* Randall & Golani, 1995
U. *golanii* McCosker & Smith, 1997
U. *inornatus* Gosline, 1958
U. *kamar* McCosker & Smith, 1977
U. *macrocephalus* (Bleeker, 1864)
U. *macularius* (Lesueur, 1825)
U. *makatei* Gosline, 1958
U. *marmoratus* (Lacepède, 1803)
U. *micropterus* (Bleeker, 1852)
U. *nagoensis* Hatooka, 1984
U. *oligospondylus* Chen, Randall & Loh 2008
U. *polyspilus* (Regan, 1909)
U. *polystictus* Myers & Wade, 1941
U. *supraforatus* (Regan, 1909)
U. *versutus* Bussing, 1991
U. *wheeleri* Blache, 1967
U. *xanthopterus* Bleeker, 1859
U. *xenodontus* McCosker & Smith, 1997

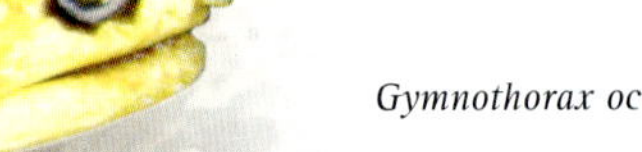

Gymnothorax ocellatus

Gymnothorax moringa Foto: A. Dacosta

Gymnothorax polyuranodon Foto: A. Dacosta

Gymnothorax thyrsoideus

Gymnothorax zonipectis Foto: A. Shaolong

Muraena pavonina

Rhinomuraena quaesita

Scuticaria tigrina Foto: M.J. Adams

G.ocellatus

G. polygonius
G. saxicola
G. vicinus

■ M
Monopenchelys acuta
M. retifera
M. robusta

■ U
Uropterygius macularius

Mittelmeer

■ A
Anarchias euryurus

■ E
Enchelycore anatina

■ G
Gymnothorax unicolor

■ M

Muraena helena Foto: L. Bangert

Rotes Meer

■ E
Echidna nebulosa
E. polyzona
Enchelycore bayeri

■ G
Gymnomuraena zebra
G. angusticauda
G. baranesi
G. buroensis
G. elegans

G. favagineus
G. flavimarginatus
G. griseus
G. hepaticus
G. herrei
G. javanicus

G. megaspilus
G. moluccensis
G. nudivomer

Foto: J. Oberguggenberger

G. pindae
G. pseudothyrsoideus
G. punctatofasciatus
G. punctatus
G. randalli
G. reticularis
G. richardsonii
G. rueppellii
G. sokotrensis
G. undulatus

■ M
Muraena helena

■ P
Pseudechidna brummeri

■ R
Rhinomuraena quaesita

■ S
Strophidon sathete

■ U
Uropterygius concolor
U. genie
U. golanii
U. makatei
U. micropterus
U. nagoensis
U. polyspilus

Gymnothorax javanicus
Foto: B. Nies

Kapitel 10
Bestimmungshilfen

Gymnothorax ocellatus
Foto: thinkstock | PatrickHanser

Die folgenden Hinweise sollen helfen, Muränen unbekannter Herkunft anhand leicht erkennbarer und markanter Merkmale möglichst eindeutig zu identifizieren. Ohne großen Aufwand kann eine solche Bestimmung aber nicht bei allen Spezies gelingen – bei schwierigen Fällen führt manchmal kein Weg daran vorbei, die wissenschaftlichen Erstbeschreibungen zurate zu ziehen. Diese finden sich zumeist in wissenschaftlichen Journalen, die über Universitäten oder den Fernleihservice vieler Bibliotheken bezogen werden können. Ebenso kann über Online-Datenbanken (z. B. fishbase oder biosis) recherchiert werden. Nachfolgend werden zu bestimmten morphologischen Merkmalen (z. B. „Hörnchen“ oder Punkt- und Fleckenmuster) die infrage kommenden Arten mit ihren jeweiligen Kennzeichen übersichtsartig aufgelistet.

Gefleckte Muräne (aus dem Golf von Mexiko und der Karibik)

Merkmal: schwarze Schwanzflosse	Art
• Helle, kleine Flecken auf brauner Grundfärbung • schwarz-weiß gestreifte Rückenflosse • Schwanz mit großen, hellen Flecken • sehr ähnlich ist *Gymnothorax equatorialis* aus dem Ostpazifik	*Gymnothorax conspersus*
• Helle, kleine Flecken auf brauner Grundfärbung • braune Rückenflosse ohne schwarzen Rand • Schwanz mit schwarzem Ende	*Gymnothorax kolpos*

Gymnothorax moringa

Merkmal: Schwanz in Körperfarbe	Art
• Schwarze Flecken auf weißem Untergrund • gefleckte Rückenflosse, • spitze Schnauze	*Gymnothorax moringa*
• Viele helle, große, rundliche Flecken auf gelbbrauner Grundfärbung • schwarz-weiße Rückenflosse • rundliche Schnauze	*Gymnothorax saxicola*
• Kleine, runde, helle Flecken auf gelbbrauner Grundfärbung • schwarz-weiße Rückenflosse • rundliche Schnauze	*Gymnothorax ocellatus*
• Sehr viele, helle, kleine, unregelmäßige Flecken auf gelbbrauner Grundfärbung, • Rückenflosse mit schmalem, schwarzem Rand, • rundliche Schnauze	*Gymnothorax nigromarginatus*

Muränen mit „Hörnern"

ein kurzes „Hörnchen" über jedem Auge	Art
• Schwarz mit kleinen, weißen Punkten	*Muraena augusti*
• Haarähnliche Anhängsel auf der Stirn • gelbe, schwarz umrandete, runde Flecken auf dem Körper	*Muraena lentiginosa*
• Viele kleine und große, helle Flecken auf dem Körper • kein weißer Fleck am Ende des Unterkiefers	*Muraena argus*
• Viele kleine, weißliche Punkte auf dem Körper • weißer Fleck am Ende des Unterkiefers	*Muraena clepsydra*
• Haarähnliche Anhängsel auf der Stirn • meist dunkler Kopf • gelblich marmoriertes Körpermuster	*Muraena helena*
• Gruppen aus kleinen, gelben Punkten auf dunklem Untergrund	*Muraena retifera*
• Großer Kopf • leicht orange Körperfärbung • gelbliche bis orange Maulinnenseite	*Muraena robusta*

lange „Hörner" (deutlich länger als der Durchmesser der Augen)	Art
• Lange „Hörner" • rötliche bis orange Körperfarbe	*Enchelycore pardalis*
• Helle Schnauze • kleine, weiße Flecken am Körper • weißer Rand an der Rückenflosse • helle „Hörner"	*Muraena pavonina*

Muraena lentiginosa

zwei „Hörnchen" über jedem Auge	Art
• Rückenflosse beginnt sehr weit hinten am Körper • helle Grundfärbung mit großen, dunklen, runden Flecken	*Uropterygius polyspilus*
• Rückenflosse beginnt sehr weit hinten am Körper • einheitlich dunkelbraune Farbe	*Uropterygius fasciolatus*

Muränen mit Punkten und Linien in den Augen

Gymnothorax nudivomer
Foto: J. Oberguggenberger

Punkte und Linien in den Augen	Art
• Vier schwarze Punkte rund um die Pupille, jeweils um 90° versetzt • Körpermuster aus grauen Kringeln oder vielen dunkelgrauen Punkten auf hellem Untergrund	*Gymnothorax pictus*
• Annähernd waagrechter Streifen durch das Auge • netzartiges Muster auf beigefarbener bis grauer Körperfarbe • schmale Schnauze	*Gymnothorax nubilus*
• Vertikaler Streifen durch das Auge • weiße bis orange Körperfärbung mit oder ohne dunkleres Netzmuster	*Gymnothorax melatremus*
• Vertikaler bis diagonaler Streifen durch das Auge • gelbe Maulinnenseite	*Gymnothorax nudivomer*

Muränen mit gelben Köpfen

gelber Kopf	Art
• Dunkle Punktreihen auf hellem Untergrund	*Gymnothorax fimbriatus*
• Breite Querbänder am Körper (deutlich oder blass)	*Gymnothorax rueppellii*
• Grobes, helles Netzmuster auf dunklem Untergrund	*Gymnothorax undulatus*

Muränen mit dunklen Querbändern

und mit schwarzen Punkten (*Gymnothorax-reticulatus*-Gruppe)	Art
• Weniger als 25 durchgehende Bänder • dazwischen Punkte, die dicht an den Bändern liegen	*Gymnothorax annulatus*
• Weniger als 25 durchgehende Bänder • dazwischen Punkte, die nicht in der Nähe der Bänder liegen	*Gymnothorax chlamydatus*
• Weniger als 25 durchgehende Bänder • in die Länge gezogene Punkte am Kopf, die annähernd horizontale Linien bilden	*Gymnothorax reticularis*
• Weniger als 25 durchgehende Bänder • vor allem zur Rückenflosse hin oft verwaschen	*Gymnothorax minor*
• Weniger als 26 durchgehende Bänder	*Gymnothorax punctatofasciatus*
• Mehr als 34 durchgehende Bänder • Bänder zumeist aus zwei großen Punkten zusammengesetzt	*Gymnothorax randalli*
• Weniger als 27 Bänder • Bänder zumeist aus zwei großen Punkten zusammengesetzt	*Gymnothorax mccosceri*

kleine, schwarze Punkte	Art
• Mehr als 24 Streifen • sehr runder Kopf • stumpfe Zahnplatten	*Gymnomuraena zebra*
• Mehr als 24 Streifen • kurze Zähne • stumpfe, dunkle Schnauze • Band am Kopf manchmal offen	*Echidna polyzona*
• Weniger als 24 Streifen mit breiten Zwischenräumen • spitze Zähne • schmale Schnauze • Band am Kopf schließt meist den Unterkiefer vollständig mit ein	*Gymnothorax enigmaticus*
• Weniger als 24 breite Streifen mit breiten Zwischenräumen • oft gelbliche Stirn • breite Bänder am Kopf werden nach unten hin deutlich schmaler und sind meist nach unten offen	*Gymnothorax rueppellii*
• Bänder sehr schmal, im vorderen Bereich des Rumpfes Y-förmig verbunden • Kopf leicht violett und nicht gestreift	*Gymnothorax ypsilon*

kleine, schwarze Punkte	Art
• Untypische Kopfform • kleine, weit vorne liegende Augen • sehr tief eingeschnittenes Maul	*Channomuraena vittata*

Grüne Muränen

Gymnothorax funebris
Foto: R. Bilcliff

Schwanz in Körperfarbe	Art
• Kräftig gebaut • Jungtiere bräunlich • Adulte hellgrün	*Gymnothorax funebris*
• Schwer von *G. funebris* zu unterscheiden • meist ist die Schnauzenspitze bräunlich und der Anstieg der Rückenflosse weniger steil	*Gymnothorax castaneus*
• Ähnelt stark *G. castaneus*, aber mit zahlreichen kleinen, hellen Punkten	*Gymnothorax dovii*
• Auffallend stumpfe Schnauze • Körperfärbung mit goldgelbem Stich, besonders zum Kopf hin	*Gymnothorax prasinus*

Muränen mit weißem Flossenrand

weißer Flossenrand	Art
• Weiße Kopfporen • rundlicher Kopf mit kurzen Zähnen • mittelhohe Rückenflosse	*Echidna leucotaenia*
• Schlanke, stark gebogene Kiefer, die in der Mitte nicht vollständig schließen	*Enchelycore schismatorhynchus*
• Weiße Kopfporen • einheitlich braune Grundfärbung • lange vordere Nasenlöcher, • Oberkiefer länger als Unterkiefer • hohe Rückenflosse	*Gymnothorax albimarginatus*
• Wie *G. albimarginatus*, aber mit etwas längerem Unterkiefer	*Gymnothorax angusticauda*
• Schlank • einheitlich hellbraun bis weiß • keine Punkte im Gesicht	*Gymnothorax phasmatodes*
• Keine weißen Kopfporen, nur blasse Flecken • Körper einfarbig braun • Kopf relativ spitz zulaufend	*Gymnothorax verrilli*
• Zwei auffällige dunkle Flecken; einer über dem Auge, einer am Ansatz der Rückenflosse • ansonsten ähnlich wie *G. phasmatodes* • weiße Kopfporen	*Gymnothorax sagmacephalus*
• Weiße Kopfporen • braun mit blassen, schwarzen Punkten	*Gymnothorax hansi*
• Braungrau gefleckt • blasses, helles Netzmuster	*Gymnothorax pseudothyrsoideus*
• Weiße Flecken auf braunem Untergrund • oft dominiert das Weiß, sodass vom Braun nur ein labyrinthartiges Muster sichtbar bleibt	*Gymnothorax nuttingi*
• Dunkles Netzmuster mit farnblattähnlicher Kontur auf hellem Untergrund	*Gymnothorax intesi*
• Sehr schlank • zahlreiche schwarze Punkte im Gesicht	*Pseudechidna brummeri*

Muränen mit gelbgrünem Flossenrand

Gymnothorax flavimarginatus
Foto: J. Oberguggenberger

gelbgrüner Flossenrand	Art
• Schmale Schnauze mit gebogenen Kiefern • kein Muster auf dem Körper	*Enchelycore bayeri*
• Sehr kräftiger Körperbau • bulliger Kopf • violett bis braun gefärbte Schnauze • kleine, gelbliche Flecken auf braunem Untergrund • bei Jungtieren ist der gelbgrüne Flossenrand sehr auffällig und breit	*Gymnothorax flavimarginatus*
• Schlank • kleiner Kopf • Körper grau bis braun gefärbt • unregelmäßige Zeichnung aus zahlreichen kleinen bis mittelgroßen, goldfarbenen Flecken • gelbgrüner Flossenrand allenfalls schwach ausgeprägt	*Gymnothorax tile*
• Nur schmaler gelber Rand an der Rückenflosse • schwarzer Ring um die Augen • kräftig gebaut • braun mit unregelmäßigen dunkelbraunen Flecken, die zum Körperende hin zahlreicher werden	*Gymnothorax buroensis*

Muränen mit schwarzen „Gesichtsmasken"

schwarze „Gesichtsmasken"	Art
• Schwarzer Fleck um die Augen, der sich bis zum Oberkiefer ausdehnt • keine weißen Gesichtsporen	*Gymnothorax breedeni*
• Schwarzer Fleck um die Augen, der diese nur hinten berührt • weiße Poren im Gesicht	*Gymnothorax monostigma*
• Schwarzer Fleck um die Augen, der diese vollständig umschließt • weiße Poren im Gesicht	*Gymnothorax panamensis*
• Schwarzer Fleck über den Augen, der diese oben berührt • sattelartiger Fleck am Ansatz der Rückenflosse • weißer Flossenrand	*Gymnothorax sagmacephalus*
• Oberseite des Kopfes und der Oberkiefer ist dunkelbraun, nicht schwarz	*Gymnothorax unicolor*

Muränen mit weißen Poren im Gesicht

gemusterte Körper	Art
• Hellbraune, unregelmäßig abgegrenzte Flecken auf braunem Untergrund • Flossensaum nur am Schwanzende	*Anarchias seychellensis*
• Dunkle Körperfarbe mit zahlreichen kleinen, weißen Flecken; Ost-Atlantik	*Echidna peli*
• Dunkle Körperfarbe mit weißen Flecken; Ost-Pazifik	*Echidna nocturna*
• Dunkles Netzmuster auf hellbraunem Untergrund • kein Streifen auf dem Kopf wie bei *G. gracilicauda*, • keine gelbliche Schwanzflosse • schlanker Kopf	*Gymnothorax chilospilus*
• Dunkles, grünliches Netzmuster auf hellbraunem Untergrund • gelbliche Schwanzflosse • rundliche Schnauze	*Gymnothorax richardsonii*
• Heller Rand um die Augen • viele kleine, dunkle Punkte auf hellbrauner Grundfärbung • Punkte können zum Schwanz hin ein undeutliches Netzmuster bilden	*Gymnothorax fuscomaculatus*

Gymnothorax zonipectis Foto: R. Foord

gemusterte Körper	Art
• Ähnlich wie *G. richardsonii, G. zonipectis* und *G. chilospilus* • zeigt aber kein richtiges Netzmuster, eher helle und dunkle, vertikale Fleckenreihen auf braunem Untergrund • Flecken an Körper und Kopf sind nicht so deutlich wie bei *G. zonipectis*	*Gymnothorax robinsi*
• Vertikale, dunkle Fleckenreihen am Körper • relativ lange und schmale Schnauze	*Gymnothorax zonipectis*
• Weißer Flossensaum • ansonsten braun gefärbt mit blassen, schwarzen Punkten	*Gymnothorax hansi*

einheitlich gefärbter Körper	Art
• Weißer Flossenrand • rundlicher Kopf • kurze Zähne • mittelhohe Rückenflosse • grauer bis brauner Körper	*Echidna eucotaenia*
• Schmale Schnauze • gebogene Kiefer	*Enchelycore carychroa*
• Weißer Flossenrand • manchmal dunkle Flecken auf dem Kopf • lange vordere Nasenlöcher • hohe Rückenflosse • Oberkiefer länger als Unterkiefer	*Gymnothorax albimarginatus*
• Wie *G. albimarginatus*, aber mit etwas längerem Unterkiefer	*Gymnothorax angusticauda*
• Einfarbig hellbraun bis weiß • schlank • manchmal dunkle Flecken am Kopf	*Gymnothorax phasmatodes*
• Einheitlich braun • ein dunkler Ring umgibt das Auge • nur eine Pore vor dem Kiemenausgang	*Gymnothorax atolli*
• Wie *G. atolli*, aber mit etwas kürzerem Schwanz • beide Arten sind ohne Vermessen kaum zu unterscheiden	*Gymnothorax australicola*
• Bis auf die weißen Punkte einheitlich dunkel gefärbt • auffälliger horizontaler Streifen direkt am Rand des Unterkiefers	*Gymnothorax mareei*
• Dunkle Flossen ohne weißen Rand • schlanke Kiefer • Oberkiefer länger als Unterkiefer	*Gymnothorax prolatus*
• Zwei auffällige, dunkle Flecken; einer über dem Auge, einer am Ansatz der Rückenflosse; • ähnlich wie *G. phasmatodes*, • weißer Flossenrand	*Gymnothorax sagmacephalus*
• Schwarzer Fleck um die Augen, der diese nur hinten berührt	*Gymnothorax monostigma*
• Schwarzer Fleck um die Augen, der diese vollständig umschließt	*Gymnothorax panamensis*

Kapitel 11
Anhang

Die teuerste Muräne der Welt: die Drachenmuräne
(*Enchylicore pardalis*)
Foto: D. Knop

Literatur

Abrams, R. W., M. D. Abrams & M. W. Schein (1983): Diurnal Observations on the Behavioral Ecology of *Gymnothorax moringa* (Cuvier) and *Muraena miliaris* (Kaup) on a Caribbean Coral Reef. – Coral Reefs 1: 185–192.

Abrams, R. W. & M. W. Schein (1986): Individual movements and population density estimates for moray eels on a Caribbean coral reef. – Coral Reefs 5: 161–163.

Adams, K. (2006): Five Favorite Eels, The Best and Worst Eels for the Home Aquarium. -Conscientious Aquarist 3 (2).

Ajiad, A. M. & A. H. El Absy (1986): First record of *Lycodontis elegans* Pisces Muraenidae from the Red Sea. – Cybium 10 (3): 297–298.

Ajiad, A. M. (1987): First record of *Thyrsoidea macrura* new record Telostei Muraenidae from the Red Sea. – Cybium 11 (1): 102–103.

Allen, G. R. (1991): Field guide to the freshwater fishes of New Guinea. – Publication No. 9 of the Christensen Research Institute, Madang, Papua New Guinea, 268 S.

Allen, G. R. & D. R. Robertson (1994): Fishes of the tropical Eastern Pacific. – Univ. of Hawaii Press, 322 S.

Almada, V. C., R. Pérez-Portela, J. I. Robalo & A. Brito (2009): Phylogenetic relationships of *Gymnothorax bacalladoi* (Böhlke and Brito 1987) a poorly known moray eel of the Macaronesian islands. – Molecular Phylogenetics and Evolution 52: 252–256.

Bande, V. N. & K. N. R. Kariha (1972): On *Thyrsoidea macrura* (Bleeker), the longest giant moray eel from the Indian waters. – Indian J. Fish., 19 (1–2): 208–209.

Bardach, J. E., H. E. Winn & D. W. Menzel (1959): The role of senses in the feeding of the nocturnal reef predators *Gymnothorax moringa* and *Gymnothorax vicinus*. – Copeia 1959(2): 133–139.

Bardach, J. E. & L. A. Loewenthal (1961): Touch receptors in fishes with special reference to the moray eels (*Gymnothorax vicinus* and *G. moringa*). – Copeia 1961 (1): 42–46.

Bauchot, M. L. (1986): Muraenidae. – In: P. J .P. Whitehead et al.: Fishes of the North-eastern Atlantic and the Mediterranean, Volume 2, UNESCO, Paris: 537–544.

Bearez, P. (2002): First record of albinism in a moray eel, *Muraena clepsydra* (*Muraenidae*) from Ecuador. – Cybium 26 (2): 159–160.

Belouze, U. (2001) : Compréhension morphologique et systématique des taxons actuels et fossiles rapportés aux Anguilliformes. – Thèse de Doctorat en Paléontologie, Université Claude Bernard-Lyon, 409 S.

Ben-Tuvia, A. & D. Golani (1984): A West African Fangtooth Moray Eel *Enchelycore anatina* from the Mediterranean Coast of Israel. – Copeia 1984 (2): 541–544.

Berg, L. S. (1958): System der rezenten und fossilen Fischartigen und Fische. – VEB Verlag der Wissenschaften, Berlin.

Blache, J. (1971): Leptocephalic larvae of Anguilliformes in the Gulf of Guinea Southern Part, Part 1 Muraenidae larvae. – Cahiers O.R.S.T.O.M. Serie. 9 (2): 203–246.

Böhlke, J. E. & E. B. Böhlke (1977): A new moray *Gymnothorax hubbsi* new species Anguilliformes Muraenidae from the Western North Atlantic. – Bulletin of Marine Science, 27 (2): 237–240.

Böhlke, J. E. (1978): Muraenidae. In: Fischer, W. (Hrsg.): FAO species identification sheets for fishery purposes. West Atlantic (Fishing Area 31), Vol. 3, FAO, Rome.

Böhlke, J. E. & Böhlke, E. B. (1980): *Enchelycore kamara*: a new moray from the tropical Pacific Ocean. – Proc. Acad. Nat. Sci. Phila.: 173–175.

Böhlke, J. E. & Böhlke, E. B. (1980): The identity of moray *Gymnotorax conspersus* Poey, and description of *G. kolpos*, n. sp., from the western Atlantic Ocean. – Proc. Acad. Nat. Sci. Phila.: 218–227.

Böhlke, E. B. (1981): The occurrence of *Muraena robusta* Osorio (Anguilliformes: Muraenidae) in the West Atlantic. – Northeast Gulf Sci. 4 (2): 123–125.

Böhlke, J. E. (1981): Muraenidae. In Fischer, W., G. Bianchi, W. B. Scott, W. B. (Hrsg.): FAO species identification sheets for fishery purposes. Eastern Central Atlantic, (Fishing Areas 34, 47), Vol. 3., FAO, Rome.

Böhlke, E. B. & J. E. McCosker (1982): *Monopenchelys*, a new eel genus, and redescription of the type species, *Uropterygius acutus* Parr (Pisces: Muraenidae). – Proc. Acad. Nat. Sci. Philad. 150: 203–278.

Böhlke, E. B. & A. Brito (1987): *Gymnothorax baccaladoi*, a new moray from the Canary Islands (Pisces, Muraenidae). – Proceedings of the Academy of Natural Sciences of Philadelphia 139 (1): 459–463.

Böhlke, E. B., J. E. McCosker & J. E. Böhlke (1989): Family Muraenidae. In: Böhlke, E. B. (Hrsg.). Fishes of the western North Atlantic. Part 9, volume 1. Orders Anguilliformes and Saccopharyngiformes. Mem. Sears Found. Mar. Res., New Haven: 104–206.

Böhlke, J. E. & C. C. Chaplin (1993): Fishes of the Bahamas and adjacent tropical waters. 2. Auflage. – University of Texas Press, Austin.

Böhlke, E. B. (1995): Notes on the muraenid genera *Strophidon*, *Lycodontis*, *Siderea*, *Thyrsoidea*, and *Pseudechidna*, with a redescription of *Muraena thyrsoidea* Richardson, 1845. – Proceedings of the Academy of Natural Sciences of Philadelphia 146: 459–466.

Böhlke, E. B. & J. E. Randall (1995): *Gymnothorax megaspilus*, a new species of moray eel (Anguilliformes: Muraenidae) from southern Oman and Somalia. – Naturae, Acad. Nat. Sci. Philad. 472: 1–5.

Böhlke, E. B. & J. E. Randall (1996): *Siderea flavocula*, a new species of moray eel (Anguilliformes: Muraenidae) from Oman. – J. South Asian Nat. Hist. 2 (1): 95–101.

Böhlke, E. B. (1997): *Gymnothorax robinsi* (Anguilliformes, Muraenidae), a new dwarf moray with sexually dimorphic dentition from the Indo-Pacific. – Bulletin of Marine Science 60 (3): 648–655.

Böhlke, E. B. (1997): Notes on the identity of elongate unpatterned Indo-Pacific morays, with description of a new species (Muraenidae, subfamily Muraninae). – Proceedings of the Academy of Natural Sciences of Philadelphia 147: 89–109.

Böhlke, E. B. & J. E. McCosker (1997): Review of the moray eel genus *Scuticaria* and included species (Pisces: Anguilliformes: Muraenidae: Uropterygiinae). – Proceedings of the Academy of Natural Sciences of Philadelphia 148: 171–176.

Böhlke, E. B. & J. E. Randall (1999): *Gymnothorax castlei*, a new species of Indo-Pacific moray eel (Anguilliformes: Muraenidae). – Raffles Bull. Zool. 47 (2): 549–554.

Böhlke, E. B., J. E. McCosker & D. G. Smith (1999): Muraenidae. In: Carpenter, K. E. & V. H. Niem (Hsrg.): FAO species identification guide for fishery purposes. The living marine resources of the Western Central Pacific. Vol. 3. Batoid fishes, chimaeras and bony fishes part 1: 1643–1657.

Böhlke, E. B. (2000): Notes on the Identity of Small, Brown, Unpatterned Indo-Pacific Moray Eels, with Descriptions of Three New Species (Anguilliformes: Muraenidae). – Pacific Science 54 (4): 395–416.

Böhlke, E. B. & J. E. McCosker (2000): Muraenidae (morays). In: Randall, J. E. & K. K. Lim (Hsrg.): A checklist of the fishes of the South China Sea. – Raffles Bull. Zool. (8), 569-667: 584–585.

Böhlke, E. B. & J. E. Randall (2000): A review of the moray eels (Anguilliformes: Muraenidae) of the Hawaiian Islands, with descriptions of two new species. – Proc. Acad. Nat. Sci. Philad. 150: 203–278.

Böhlke, E. B. (2001): *Gymnothorax eurygnathos*, a new moray from the Gulf of California (Anguilliformes: Muraenidae). – Rev. Biol. Trop. 49 Suppl. 1: 1–5.

Böhlke, E. B. & J. E. McCosker (2001): The moray eels of Australia and New Zealand, with the description of two new species (Anguilliformes: Muraenidae). – Records of the Australian Museum 53 (1): 71–102.

Böhlke, E. B. (2002): Muraenidae. Moray eels. In: Carpenter, K. E. (Hsrg.): FAO species identification guide for fishery purposes. The living marine resources of the Western Central Atlantic. Vol. 2: Bony fishes part 1 (Acipenseridae to Grammatidae): 700–718.

Böhlke, E. B. & D. G. Smith (2002): Type catalogue of Indo-Pacific Muraenidae. Proceedings of the Academy of Natural Sciences of Philadelphia, 152: 89–172.

Bowman, T. E. (1960): Description and notes on the biology of *Lironeca puki*, n. sp. (Isopoda : Cymothoidae), parasite of the Hawaiian Moray Eel, *Gymnothorax eurostus* (Abbott). – Crustaceana 1 (2): 84–91.

Brock, R. E. (1972): A contribution to the biology of *Gymnothorax javanicus* (Bleeker). – MS Thesis, University of Hawaii, Honolulu, 121 S.

Brockmann, D. (2008): Das Meerwasseraquarium: Von der Planung bis zur erfolgreichen Pflege. – Natur und Tier - Verlag, Münster.

Bshary, R., A. Hohner, K. Ait-el-Djoudi & H. Fricke (2006): Interspecific communicative and coordinated hunting between groupers and giant moray eels in the Red Sea. – PLoS Biol 4 (12): 2393–2398.

Bussing, W. A. (1991): A new species of eastern pacific moray eel (Pisces, Muraenidae). –Revista de Biologia Tropical 39 (1): 97–102.

Bussing, W. A. (1998): *Gymnothorax phalarus*, a new Eastern Pacific moray eel (Pisces : Muraenidae). – Revista de Biologia Tropical 46 (2): 439–445.

Campbell, D. C. (1980): Morays, the Ever Popular Eels. – Freshwater and Marine Aquarium. 10/80.

Chave, E. H. & H. A. Randall (1971): Feeding behavior of the moray eel, *Gymnothorax pictus*. – Copeia, 1971: 570–574.

Chen, H. M., K. T. Shao & C. T. Chen (1994): A review of the Muraenid eels (family Muraenidae) from Taiwan with descriptions of 12 new record. – Zoological studies 33 (1): 44–64.

Chen, H. M. & K. T. Shao (1995): New eel genus, *Cirrimaxilla*, and description of the type species, *Cirrimaxilla formosa* (Pisces: Muraenidae) from southern Taiwan. – Bull. Mar. Sci. 57 (2): 328–332.

Chen, H. M. & E. B. Böhlke (1996): Redescription and new records of a rare moray eel, *Echidna xanthospilos* (Bleeker, 1859) (Anguilliformes: Muraenidae). – Zoological Studies 35 (4): 300–304.

Chen, H. M., K. T. Shao & C. T. Chen (1996): A new moray eel, *Gymnothorax niphostigmus*, (Anguilliformes: Muraenidae) from northern and eastern Taiwan. – Zoological Studies 35 (1): 20–24.

Chen, H. M., K. T. Shao & C. T. Chen (1997): Systematic studies on the Muraenid fishes (Muraenidae) from the waters around Taiwan. – Ph.D. Thesis, Department of Fishery Science, National Taiwan Ocean University, Keelung, Taiwan, 257 S.

Chen, H. M. & K. H. Loh (2007): *Gymnothorax shaoi*, a new species of moray eel (Anguilliformes: Muraenidae) from Southeastern Taiwan. – Journal of Marine Science and Technology, 15 (2): 76–81.

Collette, B. B., D. G. Smith & E. B. Böhlke (1991): *Gymnothorax parini*, a new species of moray eel (Teleostei, Muraenidae) from Walters Shoals, Madagascar ridge. – Proceedings of the biological society of Washington 104 (2): 344–350.

Coluccia, E., A. M. Deiana, A. Libertini & S. Salvadori (2010): Cytogenetic characterization of the moray eel *Gymnothorax tile* and chromosomal banding comparison in Muraenidae (Anguilliformes). – Marine Biology Research 6 (1): 106–111.

Danemann, G. D. (1992): Prey storing behavior in the Panamic green moray eel (*Gymnothorax castaneus*). – California Fish and Game. 78 (4): 172.

Debelius, H. (1998): Fischführer Mittelmeer und Atlantik. – Jahr Verlag, Hamburg, 305 S.

Diamant, A. & M. Shpigel (1985): Interspecific feeding associations of groupers (Teleostei: Serranidae) with octopuses and moray eels in the Gulf of Eilat (Agaba). – Environmental Biology of Fishes, 13 (2): 153–159.

Doak, W. (1979): The myth of the moray eel. – Oceans 12 (3), 29–31.

Duarte Lopes, P. R., J. T. Oliveira-Silva, N. Matsui & V. Ferreira (2001): Primeiro registro de *Channomuraena vittata* (Richardson, 1844) (Actinopterygii: Anguilliformes: Muraenidae) no litoral da Bahia, Brasil (Atlantico occidental). – Interciencia 26 (2): 67–68.

Dubin, R. E. (1982): Behavioural interactions between Caribbean reef fish and eels (Muraenidae and Ophichthidae). – Copeia 1982 (1): 229–232.

Eldred, B. (1968): Larvae of the marbled moray eel, *Uropterygius juliae* (Tommase, 1960). – Leaf. Ser. mar. Lab. St. Petersburg, Florida Part 1, 4 (8): 1–4.

Eldred, B. (1968): The larval development and taxonomy of the pigmy Moray eel, *Anarchias yoshiae* Kanazawa 1952. – Leaf. Ser. mar. Lab. St. Petersburg, Florida Part 1, 4 (10): 1–8.

Eldred, B (1969): Embryology and development of the blackedge moray *Gymnothorax nigromarginatus* (Girard, 1859). – Fla. Bd. Conserv. Mar. Res. Lab. Leafl. Ser 4 (13, pt.1).

Erickson, T., T. L. Vanden Hoek, A. Kuritza & J. B. Leiken (1992): The emergency management of moray eel bites. – Ann. Emerg. Med. 21: 212–216.

Esterbauer, H. (1994): The Ecology & Behavior of Moray Eels. – TFH 2/94.

Feitoza, B. M., L. A. Rocha, O. J. Luiz, S. R. Floeter & J. L. Gasparini (2003): Reef fishes of St. Paul's Rocks: new records and notes on biology and zoogeography. – Aqua 7 (2), 61–82.

Fenner, R. M. (1995): Moray eels of the family Muraenidae. – TFH 3/95.

Fenner, R. M. (2000): The Zebra Moray Eel, *Gymnomuraena zebra*. – FAMA 7/00.

Fenner, R. M.: The Moray Eels, Family Muraenidae, pts. 1 & 2 – The Diversity of Aquatic Life Series, online verfügbar über http://www.wetwebmedia.com/morays.htm

Ferraris, C. J. (1985): Redescription and spawning behavior of the muraenid eel *Gymnothorax herrei*. – Copeia, 1985 (2): 518–520.

Fielitz, C. (2002): Previously Unreported Pectoral Bones in Moray Eels (Anguilliformes: Muraenidae). – Copeia 2002 (2): 483–488.

Fischelson, L. (1990): *Rhinomuraena* spp. (Pisces, Muraenidae) – the 1st vertebrate genus with postanally situated urogenital organs. – Marine Biology 105 (2): 253–257.

Fischelson, L. (1992): Comparative gonad morphology and sexuality of the Muraenidae (Pisces, Teleostei). – Copeia 1992 (1): 197–209.

Fischelson, L. (1995): Comparative morphology and cytology of the olfactory organs in Moray eels with remarks on their foraging behavior. – Anat. Rec. 243 (4): 403–412.

Fischelson, L. (1996): Skin morphology and cytology in marine eels adapted to different lifestyles. – Anat. Rec. 246 (1): 15–29.

Fischelson, L. (1997): Olfaction and visual detection of food and relevant morphometric characters in some species of moray eels (Muraenidae). – Israel Journal of Zoology 43 (4): 367–375.

Fosså, S. A. & A. J. Nilsen (2010): Das Korallenriff-Aquarium. Band 1. Grundlagen für den erfolgreichen Betrieb. – Natur und Tier - Verlag, Münster.

Froese, R. & D. Pauly (2007): FishBase. World Wide Web electronic publication.

Garzon Ferreira, J. & A. Avero (1990): Muraenid fishes (Anguilliformes, Muraenidae) of the Colombian Carribbean, with nothes on *Channomuraena vittata* and *Muraena robusta*. – Revista de Biologia Tropical 38 (1): 137–141.

Gaudant, J. (1979): Observations complementaires sur l'ichthyofaune des marnes messiniennes des environs d'Alba (Piemont, Italie). – Geobios. 12 (3): 411–418.

Gilbert, J. Z. (1921): Family Muraenidae, *Deprandus lestes* Jordan and Gilbert, new genus and species. – Bulletin Southern California Academy of Sciences. 20(1): 29–30.

Gilbert, M., J. B. Rasmussen & D. L. Kramer (2005): Estimating the density and biomass of moray eels (Muraenidae) using a modified visual census method for hole-dwelling reef fauna. – Environmental Biology of Fishes 73 (4): 415–426.

Gonzales, D. (1976): Puhi (Eel in Hawaiian). – Marine Aquarist 7 (7): 76.

Goode, G. B. & T. H. Bean (1882): Descriptions of twenty-five new species of fish from the southern United States, and three new genera, *Letharcus*, *Ioglossus*, and *Chriodorus*. – Proceedings of the United States National Museum 5 (297): 412–437.

Hatooka, K. (1984): *Uropterygius nagoensis*, a new muraenid eel from Okinawa, Japan. – Japanese Journal of Ichthyology, 31 (1): 20–22.

Hatooka, K. (1986): Sexual dimorphism found in teeth of three species of moray mels. – Japanese Journal of Ichthyology, 32 (4): 379–386.

Hatooka, K. (1988): New record of the Moray *Gymnothorax pindae* from the Amami Islands, Japan. – Japanese Journal of Ichthyology, 35: 87–89.

Hatooka, K. & J. E. Randall (1992): A new moray eel (*Gymnothorax*, Muraenidae) from Japan and Hawaii. – Japanese Journal of Ichthyology, 39 (3): 183–190.

Hatooka, K. & A. Iwata (1993): First record of *Gymnothorax zonipectis* from Japan (Pisces: Muraenidae). – Bulletin of Osaka Museum of Natural History 47: 19–24.

Hatooka, K. (2003): A new moray eel, *Gymnothorax ryukyuensis*, from the Western Pacific Ocean (Anguilliformes: Muraenidae). – Bulletin of Osaka Museum of Natural History 57: 1–9.

Heatwole, H. & N. S. Poran (1995): Resistances of sympatric and allopatric eels to sea snake venoms. – Copeia 1995 (1): 136–147.

Heemstra, P. C. (2004): *Gymnothorax hansi*, a new species of moray eel (Teleostei : Anguilliformes : Muraenidae) from the Comoro Islands, Western Indian Ocean. – Zootaxa 515: 1–7.

Heemstra, P. C., K. Hissmann, H. Fricke, M. J. Smale & J. Schauer (2006): Fishes of the deep demersal habitat at Ngazidja (Grand Comoro) Island, Western Indian Ocean. – South African Journal of Science 102: 444–460.

Herbst, L. H., S. F. Costa, L. M. Weiss, L. K. Johnson, J. Bartell. R. Davis, M. Walsh & M. Levi (2001): Granulomatous Skin Lesions in Moray Eels Caused by a Novel *Mycobacterium* species related to *Mycobacterium triplex*. – Infect Immun. 69 (7): 4639–4646.

Herre, A. W. (1923): A review of the eels of the Philippine archipelago. – Philipp. J. Sci. 23 (2): 123–236.

HIXON, M. A. & J. B. BEETS (1993): Predation, Prey Refuges, and the Structure of Coral-Reef Fish Assemblages. - Ecol. Monographs 63 (1): 77–101.

HOLL, A., E. SCHULTE & W. MEINEL (1970): Funktionelle Morphologie des Geruchsorgans und Histologie der Kopfanhänge der Nasenmuräne *Rhinomuraena ambonensis* (Teleostei, Anguilliformes). - Helgoländer wiss. Meeresunters. 21: 103–123.

JAMES, P. S. (1965): On the giant moray eel, *Thyrsoidea macrura* (BLEEKER) from the Palk Bay with notes on some aspects of its anatomy. - J. mar. biol. Ass. India, 7: 401–405.

JAMES, P. S. (1967): On a giant moray eel, *Thyrsoidea macrura* (BLEEKER) from the Palk Bay with notes on some aspects of its anatomy. - Adv. Abstr. Contr. Fish. Aquat. Sci. India., 1: 10–11.

JIMENEZ, S. (1993): Preliminary data on Muraenidae artisanal fisheries in the Canary Islands. - Special Publications of the Spanish Institute of Oceanography: Studies of marine benthos (Publicaciones Especiales Instituto Espanol de Oceanografia; Estudios del bentos marino), 11: 383–390.

JIMENEZ, S., S. SCHÖNHUTH, I. J. LOZANO, J. A. GONZALEZ, R. G. SEVILLA, A. DIEZ & J. M. BAUTISTA (2007): Morphological, Ecological, and Molecular Analyses Separate *Muraena augusti* from *Muraena helena* as a Valid Species. - Copeia, 2007 (1): 101–113.

KAILOLA, P. J. (1975): The rare moray eel *Gymnothorax pikei* BLISS recorded from Papua New Guinea. Pacific Sci., 29 (2): 165–170.

KARPLUS, I. (1978): A feeding association between the grouper *Epinephelus fasciatus* and the moray eel *Gymnothorax griseus*. - Copeia 1978: 164.

KEARN, G. C. (1993): A new species of the genus Enoplocotyle (Platyhelminthes: Monogenea) parasitic on the skin of the moray eel *Gymnothorax kidako* in Japan, with observations on hatching and the oncomiracidium. - Journal of Zoology (London), 229 (4): 533–544.

KIRCHHAUSER, J. (2002): Nasenmuränen - Theorie und Praxis. - Der Meerwasseraquarianer, 6 (1): 12–19.

KIZER, A. (2005): Percutaneous gastrostomy tube placement in a green moray eel. - Exotic DVM, 7 (1): 31–35.

KNOP, D. (2008): Riffaquaristik für Einsteiger. - Natur und Tier - Verlag, Münster.

KOBAYASHI, K. (1962) : A record of the muraenoid fish, *Rhinomuraena ambonenis* from Amami Oshima. - Bulletin of the faculty of fisheries Hokkaido University 13 (2): 36–37.

KOTTELAT, M., A. J. WHITTEN & S. N. KARTIKASARI (1993): Freshwater fishes of Western Indonesia and Sulawesi. - Periplus Editions, 221 S.

KUITER, R. H. (1998): Photo guide to fishes of the Maldives. - Atoll Editions, Victoria, Australia, 257 S.

KUITER, R. H. (1993): Coastal fishes of south-eastern Australia. - University of Hawaii Press, Honolulu, Hawaii. 437 S.

KUITER, R. H. & T. TONOZUKA (2001): Pictorial guide to Indonesian reef fishes. Part 1. Eels- Snappers, Muraenidae - Lutjanidae. - Zoonetics, Australia, 302 S.

LAVENBERG, R. J. (1992): A new moray eel (Muraenidae: *Gymnothorax*) from oceanic islands of the South Pacific. - Pacific Science 46 (1): 58–67.

LEVI, M. H., J. BARTELL, L. GANDOLFO, S. C. SMOLE, S. F. COSTA, L. M. WEISS, L. K. JOHNSON, G. OSTERHOUT & L. H. HERBST (2003): Characterization of *Mycobacterium montefiorense* sp. nov., a Novel Pathogenic Mycobacterium from Moray Eels That Is Related to *Mycobacterium triplex*. - J. Clin. Microbiol. 41 (5): 2147–2152.

LEWIS, R. J., M. SELLIN, M. A. POLI, J. K. MACLEOD & M. M. SHEIL (1991): Purification and characterization of Ciguatoxin from moray eel (*Lycodontis javanicus*, Muraenidae). - Toxicon 29 (9): 1115–1127.

LICHTENBERGER, M. (2007a): Freshwater moray eels. - Conscientious Aquarist, Volume 4, No. 2.

LICHTENBERGER, M. (2007b): Moray eels bite - but are they poisonous? - Tropical Fish Hobbyist 56 (1): 116–120.

LICHTENBERGER, M. (2008a): Australian moray eels. - Australian Aquarium Magazine, Volume 5, 42–46.

LICHTENBERGER, M. (2008b): Muränen im Meerwasseraquarium. - Natur und Tier - Verlag, Münster, 64 S.

LICHTENBERGER, M. (2009aa): Aquariengeeignete Muränenarten. - KORALLE 10 (2): 42–43.

LICHTENBERGER, M. (2009b): Brasilianisches Temperament bei Muränen. - KORALLE 10 (2): 36–39.

LICHTENBERGER, M. (2009c): Aquarienhaltung von Muränen. - KORALLE 10 (2): 30–35.

LICHTENBERGER, M. (2009d): Welche Muräne ist für mich geeignet - Systematik und Arten. - KORALLE 10 (2): 26–29.

LICHTENBERGER, M. (2009e): Muränen. - KORALLE 10 (2): 18–25.

LICHTENBERGER, M. (2009f): Thiaminase and its role in predatory pet fish (and other piscivores) nutrition. - Conscientious Aquarist, Volume 6, No. 1.

LICHTENBERGER, M. (2009g): Wie aus einer „Kleinen" eine „Große Netzmuräne" wurde. - Der Meerwasseraquarianer, 13 (1): 28–32.

LIN, C. L. & J. S. HO (2008): Three species of *Pseudotaeniacanthus* YAMAGUTI & YAMASU, 1959 (Copepoda, Taeniacanthidae) parasitic on laced moray (*Gymnothorax favagineus*) in Taiwan. - Proceedings of the biological society of Washington, 121 (2): 177–190.

LOH, K. H., I. Chen, J. E. Randall & H.-M. Chen (2008): A review and molecular phylogeny of the moray eel subfamily Uropterygiinae (Anguilliformes: Muraenidae) from Taiwan, with description of a new species. - Raffles Bulletin of Zoology 19: 135–150.

LOZANO-ALVAREZ, E., P. BRIONES-FOURZAN & L. ALVAREZ-FILIP (2010): Influence of shelter availability on interactions between Caribbean spiny lobsters and moray eels: implications for artificial lobster enhancement. - Marine Ecology Progress Series 400: 175–185.

LUCANO-RAMÍREZ, G., S. RUIZ-RAMIREZ, J. A. ROJO-VASQUEZ & G. GONZALEZ-SANSON (2008): Reproducción de la morena, *Gymnothorax equatorialis* (Pisces: Muraenidae) en Jalisco y Colima, México. - Rev. Biol. Trop., 56 (1): 153–163.

LUIZ-JUNIOR, O. J. (2005): Unusual behaviour of moray eels on an isolated tropical island (St. Paul's Rocks, Brazil). - Coral-Reefs 24 (3): 501.

MARETIC, Z. & J. LADAVAC (1972): The question of toxicity of the bite of moray eel, *Muraena helena*. - Toxicon, 10: 530.

Masuda, H. et al. (1984): The fishes of the Japanese Archipelago. Vol. 1. Tokai University Press, Tokyo, Japan, 437 S.

McCleneghan, K. (1974): The ecology and behaviour of the California moray eel *Gymnothorax mordax* (Ayres, 1859) with descriptions of its larvae and the leptocephali of some other east Pacific Muraenidae. – Dissertation Abstr. Int., 34 (7): 3346.

McCosker, J. E. & R. H. Rosenblatt (1975): The moray eels (Pisces: Muraenidae) of the Galápagos Islands, with new records and synonymies of extralimital species. – Proc. Calif. Acad. Sci., 40 (13): 417–427.

McCosker, J. E. & J. E. Randall (1977): 3 new species of Indo Pacific moray eels, Pisces, Muraenidae. – Proceedings of the California Academy of Sciences 41 (3): 161–168.

McCosker, J. E. & D. G. Smith (1997): Two new Indo-Pacific morays of the genus *Uropterygius* (Anguilliformes: Muraenidae). – Bulletin of Marine Science 60 (3): 1005–1014.

McCosker, J. E. & A. L. Stewart (2006): Additions to the New Zealand marine eel fauna with the description of a new moray, *Anarchias supremus* (Teleostei: Muraenidae), and comments on the identity of *Gymnothorax griffini* Whitley & Phillips. – Journal of the Royal Society of New Zealand 36 (2): 83–95.

McCosker, J. E. & J. E. Randall (2007): A new genus and species of mud-dwelling moray eel (Anguilliformes: Muraenidae) from Indonesia. – Proc. Cal. Ac. Sc. 58 (22): 469–476.

Mebs, D. (1989): Gifte im Riff: Toxikologie und Biochemie eines Lebensraumes. – Wissenschaftliche Verlagsgesellschaft Stuttgart,120 S.

Mehta, R. S. & P. C. Wainwright (2007): Biting releases constraints on moray eel feeding kinematics. – Journal of Experimental Biology 210 (3): 495–504.

Mehta, R. S. & P. C. Wainwright (2008): Functional Morphology of the Pharyngeal Jaw Apparatus in Moray Eels. – Journal of morphology 269: 604–619.

Mehta, R. S. (2008): Ecomorphology of the moray bite: relationship between dietary extremes and morphological diversity. – Physiological and Biochemical Zoology 82: 90–103.

Michael, S. W. (1996): Fishes for the marine aquarium, pts. 22, 23; The morays – serpents of the sea. – Aquarium Fish Magazine 7,8/96.

Michael, S. W. (1998): Reef fishes vol. 1. – TFH Publications, 624 S.

Miller, T. J. (1987): Knotting: a previously undescribed feeding behaviour in muraenid eels. – Copeia, 1987 (4): 1055–1057.

Miller, T. J. (1989): Feeding Behavior of *Echidna nebulosa*, *Enchelycore pardalis*, and *Gymnomuraena zebra* (Teleostei: Muraenidae). – Copeia 1989 (3): 662–672.

Miyahara, H. et al. (2003): Record of a muraenid moray eel, *Gymnothorax elegans* (Anguilliformes: Muraenidae), from Ishigaki Island, Okinawa Prefecture, Japan. – Bulletin of the Biogeographical Society of Japan 58: 15–19.

Mochioka, N. & M. Iwamizu (1996): Diet of anguilloid larvae: leptocephali feed selectively on larvacean houses and fecal pellets. – Marine Biology 125: 447–452.

Moyer, J. T. & M. J. Zaiser (1982): Reproductive behavior of moray eels at Miyaka-jima, Japan. – Japanese Journal of Ichthyology, 28 (4): 466–468.

Myers, J. & R. W. Wolfgang (1953): *Lecithochirium lycodontis* n. sp., trematode from the Moray eel of the New Hebrides. – J. Parasit. 39 (5): 520–522.

Nair, R. V., K. Dorairaj & R. Soundararajan (1972): The record giant moray eel, *Thyrsoidea macrura* (Bleeker). – Journal Bombay Nat. Hist. Soc. 69 (3): 664–667.

Owens, D. J. & M. W. Schein (1979): Field observations of three west Atlantic moray eel species (*Gymnothorax funebris*, *G. moringa* and *Muraena milaris*). – Proceedings of the West Virginia Academy of Science, 51 (1): 13.

Patzner, R. & H. Moosleitner (1999): Mergus Meerwasser Atlas Band 6, 1152 S.

Paxton, J. R. et al. (1989): Pisces: *Petromyzontidae* to *Carangidae*. – Zoological Catalogue of Australia 7, 131 S.

Pethiyagoda, R. (1991): Freshwater fishes of Sri Lanka. – The Wildlife Heritage Trust of Sri Lanka, 362 S.

Pinto, S. Y. (1975): *Lycodontis guarapariensis* new species Western Atlantic moray eel from Brazil, Actinopterygii, Anguilliformes, Muraenidae. – Physis Seccion A los Oceanos y sus Organismos 34 (89): 399–403.

Prokofiev, A. M. (2005): New moray species of genus *Enchelycore* (Anguilliformes: Muraenidae) from waters of India. – Voprosy Ikhtiologii 45 (5): 702–704.

Purser, P. (2005): Moray Eels in the Aquarium. – TFH Publications.

Quigley, D. T. & K. Flannery (2004): First record of the Moray eel *Muraena helena* L. from Irish waters and a review of NW European records. – Irish Naturalists' Journal, 27 (11): 426–428.

Quignard, J. P. & J. A. Tomasini (2000): Mediterranean fish biodiversity. – Biol. Mar. Mediterr. 7 (3): 1–66.

Ralls, R. J. & B. W. Halstead (1955): Moray eel poisoning and a preliminary report on the action of the toxin. – Amer. J. trop. Med. Hyg. 4: 136–140.

Randall, J. E. (1969): How dangerous is the moray eel? – Aust. nat. Hist. 16: 177–182.

Randall, J. E. & J. E. McCosker (1975): The eels of Easter Island with a description of a new moray. – Contr. Sci. Nat. Hist. Mus. Los Angeles Cty. 264: 1–32.

Randall, J. E. et al. (1981): Occurrence of a crinotoxin and hemagglutinin in the skin mucus of the moray eel *Lycodontis nudivomer*. – Marine Biology 62 (2-3): 179–184.

Randall, J. E. (1983): Red Sea reef fishes. – IMMEL Publishing Co., London.

Randall, J. E., G. R. Allen & R. C. Steene (1991): Fishes of the Great Barrier Reef and Coral Sea. – University of Hawaii Press, 507 S.

Randall, J. E., J. L. Earle, R. L. Pyle, J. D. Parrish & T. Hayes (1993): Annotated checklist of the fishes of the Midway Atoll, Northwestern Hawaiian Islands. – Pacific Science 47 (4), 461 S.

Randall, J. E. & D. Golani (1995): Review of the moray eels (Anguilliformes: Muraenidae) of the Red Sea. – Bulletin of Marine Science 56 (3): 849–880.

Randall, J. E. (2005): Reef and shore fishes of the South Pacific: New Caledonia to Tahiti and the Pitcairn Islands. – University of Hawaii Press, 707 S.

Randall, J. E. (2007): Reef and shore fishes of the Hawaiian Islands. – University of Hawaii Press, 546 S.

Reece, J. S., B. W. Bowen, D. G. Smith & A. Larson (2010): Molecular phylogenetics of moray eels (Muraenidae) demonstrates multiple origins of a shell-crushing jaw (*Gymnomuraena, Echidna*) and multiple colonizations of the Atlantic Ocean. – Mol. Phylogenet. Evol. 2010.

Reece, J. S. et al. (2010): Phylogeography of two moray eels indicates high dispersal throughout the Indo-Pacific. – Journal of Heredity 102: 1–12.

Reece, J. S., D. G. Smith & E. Holm (2010): The Moray Eels of the *Anarchias cantonensis* Group (Anguilliformes: Muraenidae), with Description of Two New Species. – Copeia 2010: 421–430.

Reynolds, W. W. & M. E. Casterlin (1981): Behavioral thermoregulatory abilities of tropical coral reef fishes: a comparison with temperate freshwater and marine fishes. – Env. Biol. Fish. 6 (3/4): 347–349.

Ricotti, E. S. (1998): L'importanza del pesce nella vita, nel costume e nell'industria del mondo antico in Rendiconti. – Pontificia Accademia di Archeologia Vol. LXXI: 111–165.

Riordan, C., M. Hussain & J. McCann (2004): Moray Eel Attack in the Tropics: A Case Report and Review of the Literature. – Wilderness and Environmental Medicine 15 (3): 194–197.

Rubinoff, I. (1966): *Gymnothorax galetae*, a new moray eel from the Atlantic coast of Panama. – Breviora 240: 1–4.

Saldanha, L. (1968): On the capture of *Anarchias grassi* in the Madeiran Archipelago, Pisces, Anguilliformi, Muraenidae. – Arquivos do Museu Bocage, 2 (Suppl. 14): 17–19.

Saldanha, L. & J. C. Quéro (1994): *Channomuraena bauchotae* (Anguilliformes: Muraenidae), nouvelle espèce de l'Ile de la Réunion, Océan Indien. – Cybium: 307–313.

Salvadori, S. et al. (2003): Replication banding in two Mediterranean moray eels: chromosomal characterization and comparison. – Genetica 119: 253–258.

Sazima, I. & C. Sazima (2004): Daytime hunting behaviour of *Echidna catenata* (Muraenidae): why chain morays foraging at ebb tide have no followers. – International Journal of Ichthyology 8 (1): 1–8.

Santos, F. B. & M. C. Castro (2003): Activity, habitat utilization, feeding behavior, of the Sand Moray *Gymnothorax ocellatus* (Anguilliformes, Muraenidae) in the South Western Atlantic. – Biota Neotropica v3 (n1).

Sasaki, K. & K. Amaoka (1991): *Gymnothorax prolatus*, a New Moray from Taiwan. – Japanese Journal of Ichthyology 38 (1): 7–10.

Seret, B. et al. (2008): First record of *Cirrimaxilla formosa* (Muraenidae) from New Caledonia, found in sea snake stomach contents. – Cybium: 32 (2): 191–192.

Schäfer, F. (2005): Brackwasserfische. – Aqualog spezial, 80 S.

Shen, C. S. (1974): Two new records of the genus *Rhinomuraena* (Fam. Muraenidae) found in the waters of Taiwan. – Acta Oceanogr. Taiwan. 4: 181–190.

Shen, C. S. et al. (1979): Redescription of a protandrous hermaphroditic moray eel (*Rhizomuraena quesita* Garman). – Bull. Inst. Zool, Acad. Sin., Taipei 18: 79–87.

Smith, D. G. & E. B. Böhlke (1990): *Muraenidae*. In: Quero, J. C. et al. (Hrsg.): Check-list of the fishes of the eastern tropical Atlantic (CLOFETA). JNICT, Lisbon; SEI, Paris; and UNESCO, Paris. Vol. 1: 136–148.

Smith, D. G. & E. B. Böhlke (1997): A review of the Indo-Pacific banded morays of the *Gymnothorax reticularis* group, with descriptions of three new species (Pisces, Anguilliformes, Muraenidae). – Proceedings of the Academy of Natural Sciences of Philadelphia 148: 177–188.

Smith, D. G. (2002): *Enchelycore nycturanus*, a new moray eel from South Africa (Teleostei: Anguilliformes: Muraenidae). – Zootaxa 104: 1–6.

Smith, D. G. & E. B. Böhlke (2006): Corrections and additions to the type catalog of Indo-Pacific Muraenidae. – Proceedings of the academy of natural sciences of Philadelphia, 155: 35–39.

Smith, D. G., E. Brokovich & S. Einbinder (2008): *Gymnothorax baranesi*, a new moray eel (Anguilliformes: Muraenidae) from the Red Sea. – Zootaxa 1678: 63–68.

Smith, J. L. (1962): The moray eels of the western Indian Ocean and the Red Sea. – Ichth. Bull. Dept. Zool. Rhodes Univ., Grahamstown 23: 421–444.

Smith, M. M. (1986): Smith's sea fishes. – Springer, Berlin.

Stewart, J. D. & S. B. Hunter (1997): *Deprandus lestes* Jordan is a synonym of *Thysocles velox* (Jordan) (Teleostei: Perciformes) and is not an eel. – J. Vert. Paleont. 17 (3, Suppl.), 79A.

Stratton, R. F. (1997): The Zebra Moray. – TFH 3/97.

Sutcliffe, R. (1970): The moray *Lycodontis albimentis* a synonym of *Gymnothorax moringa*, Anguillida, Muraenidae. – Caribbean Journal of Science, 10 (3–4): 125–127.

Sutcliffe, R. (1970): *Muraena autirostris* a synonym of the West Atlantic moray *Gymnothorax moringa*, Anguillida, Muraenidae. – Caribbean Journal of Science, 10 (1–2): 87–91.

Suzuki, Y. & T. Kaneko (1986): Demonstration of the mucous hemagglutinin in the club cells of eel skin. – Dev. Comp. Immunol. 10 (4): 509–518.

Talwar, P. K. & A. G. Jhingran (1991): Inland fishes of India and adjacent countries. vol 1. – Balkema, 541 S.

Thresher, R. E. (1984): Reproduction in Reef fishes. – TFH Publications, 399 S.

Winn, H. E. & J. E. Bardach (1959): Differential Food Selection by Moray Eels and a Possible Role of the Mucous Envelope of Parrot Fishes in Reduction of Predation. – Ecology, 40 (2): 296–298.

Young, R. F. & H. E. Winn (2003): Activity Patterns, Diet, and Shelter Site Use for Two Species of Moray Eels, *Gymnothorax moringa* and *Gymnothorax vicinus*, in Belize. – Copeia 2003 (1): 44–55.

Yukihira, H. et al. (1994): Feeding habits of moray eels (Pisces: Muraenidae) at Kuchierabujima. – Appl. Biol. Sci. 33: 159–166.

Sachwortverzeichnis